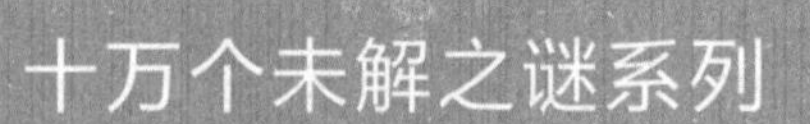

十万个未解之谜系列

DIQIU

地球之谜

青少年科普编委会　编著

吉林出版集团 Jilin Publishing Group | 吉林科学技术出版社

前言

Foreword

地球是怎样诞生的？人类是在什么时候出现的？为什么有的泉水能治病？为什么大理石有漂亮的花纹？世界上最早看见太阳升起的是哪座城市？为什么会发生地震？“赤道雪峰”指的是什么？……无数个关于地球的“为什么”一直萦绕在我们的脑海中，伴随着我们的成长。

雄伟挺拔的山脉、蜿蜒曲折的河流、辽阔富饶的平原、星罗棋布的湖泊、千姿百态的丘陵、一望无际的沙漠都是地球上美丽的自然景观。风霜雨雪、四季交替，不断变化的气候让地球变得更加丰富多彩，还有许多珍贵的资源都在改变着人类的生活。

这本关于地球知识的《地球之谜》精心挑选了近二百多个小读者最关心的经典问题，以简练生动的语言和色彩纷呈的图片，将地球家园中的众多秘密一一解开，在这里，小读者们将会有意想不到的收获！

目录

Contents

地球之始

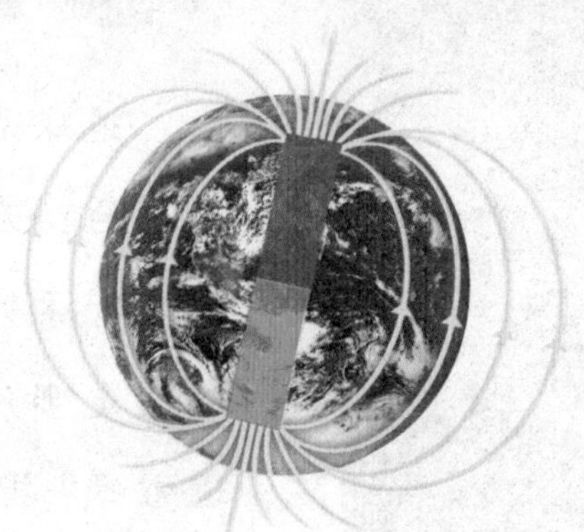

演化之谜

瑰丽山川

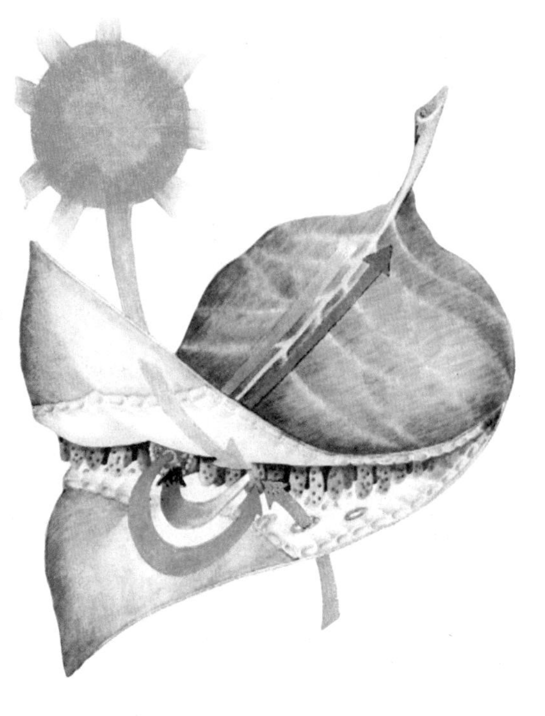

地球气象

OCEAN

名胜探秘

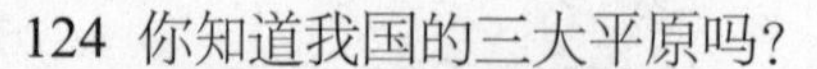

资源利用

保护环境

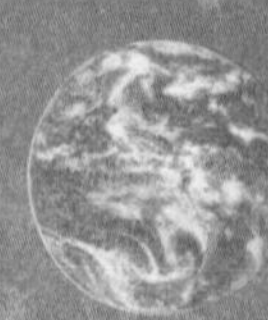

地球之始 >>>

地球从诞生至今已有46亿年了，它一直处于生生不息的运动之中。早期的地球蕴藏着许多秘密。地球在围绕太阳进行公转的同时，自身也在绕着地轴进行自转。为什么地球会围绕着太阳转？为什么地球上会有大气层？地球上的生命是什么时候出现的？……

地球是怎样诞生的？

据科学家推测，大约150亿年前，宇宙中曾发生过一次大爆炸，爆炸后产生的碎片形成了大片的星云，后来，星云中的微粒互相吸引、聚集，最终形成原始的地球。此后，地球又经历了沧海桑田的变迁，成为如今的样子。

大爆炸理论是宇宙诞生的重要理论。

地球多少岁了？

地球的年龄是地球从原始的太阳星云中积聚形成一个行星到现在的时间。科学家通过测定坠落在月球上的陨石的年龄，发现月球的年龄大约为46亿年。根据太阳系中各天体形成时间相仿的原理，人们推算出地球也是在46亿年前形成的。

三叶虫只生存在古生代，而且演化非常明显，我们可以据此判断一个地区的地层年代是否是古生代的。

dì qiú wèi shén me bù huì fā guāng
地球为什么不会发光？

yǔ zhòuzhōng de héngxīng huì fā guāng xíng
宇宙中的恒星会发光，行
xīng wèi xīng huì xīng dōu bù huì fā guāng ér
星、卫星、彗星，都不会发光。而
héngxīng de fā guāng lái zì ránshāo shì qí nèi bù
恒星的发光来自燃烧，是其内部
de hé rán liào zài hé jù biàn wǒ men jū zhù de
的核燃料在核聚变。我们居住的
dì qiú yǒu qīng qí tā wèi xīng huì xīngshangdōu méi
地球有氢，其他卫星、彗星上都没
yǒu qīng zhè lèi hé jù biàn rán liào suǒ yǐ wú fǎ
有氢这类核聚变燃料，所以无法
fā guāng fā rè
发光发热。

地球的外面聚集了厚厚的一层大气，适合我们居住但它却不发光。

wèi shén me tài yáng xì zhōng zhǐ yǒu dì qiú cún zài shēngmìng
为什么太阳系中只有地球存在生命？

zhè shì yīn wèishēngmìng de cún zài xū yàoyángguāng kōng qì shuǐ jí qí tā yíngyǎng wù
这是因为生命的存在需要阳光、空气、水及其他营养物
zhì dì qiú yǔ tài yáng de jù lí shìzhōng shìdāng de tǐ jī hé zhì liàngnéng bǎ dà qì shuǐ
质，地球与太阳的距离适中，适当的体积和质量能把大气、水
fen láo láo xī zhù xíngchéng shì hé shēngmìngshēngcún de shēng wù quān ér qí tā xīng qiú bù jù
分牢牢吸住，形成适合生命生存的生物圈；而其他星球不具
bèi zhè xiē tiáo jiàn suǒ yǐ shēngmìngnán yǐ cún zài
备这些条件，所以生命难以存在。

为什么把我们住的地方叫地球？

我们的祖先一直生活在地面上，看到的只有周围的平地、高山、草原，几乎全是陆地。看到的水也只有附近的河流、湖泊。所以，人类给自己居住的这个星球起了名字叫“地球”。

在太阳系的八大行星中，地球是唯一一颗适合人类生存的星球。

实际上，地球的形状更像个梨形的旋转体。

地球是圆的吗？

通常，我们看到的地球仪是一个规则的球体。但实际上，地球真正的形状是一个赤道略鼓、北极凸出而南极略凹的椭球体。

wèi shén me shuō dì qiú xiàng "dà cí tiě"
为什么说地球像"大磁铁"？

dāng dì qiú xuánzhuǎn shí, dì hé huì chǎnshēng hěnqiáng de diàn liú, yīn wèi diàn kě yǐ chǎnshēng cí, suǒ yǐ huì chǎnshēng cí chǎng. dì qiú de cí chǎng biàn bù yú dì qiú nèi bù、dà qì céng yǐ jí dì qiú zhōu wéi de guǎng dà kōng jiān. yīn cǐ, wǒ men shuō dì qiú xiàng "dà cí tiě".

当地球旋转时，地核会产生很强的电流，因为电可以产生磁，所以会产生磁场。地球的磁场遍布于地球内部、大气层以及地球周围的广大空间。因此，我们说地球像"大磁铁"。

地球的磁场

wèi shén me dì qiú huì wéi zhe tài yáng zhuàn
为什么地球会围着太阳转？

yīn wèi tài yáng yǒu zhe jù dà de yǐn lì, shǐ dì qiú kào jìn tā. dàn tóng shí, dì qiú wéi zhe tài yáng zuò yuán zhōu yùn dòng shí, yòu huì chǎnshēng yī gè yuǎn lí tài yáng fāng xiàng de lí xīn lì, zhè liǎng zhǒng lì xiāng hù qiān zhì, dá dào yī gè xiāng duì de píng héng, yīn cǐ, dì qiú biàn huì bù tíng dì wéi zhe tài yáng yùn zhuǎn. zhè zhǒng yùn dòng jiào zuò dì qiú de gōng zhuàn, gōng zhuàn yī zhōu de shí jiān yuē wéi yī nián, jí 365 tiān líng 6 xiǎo shí 9 fēn 9 miǎo.

因为太阳有着巨大的引力，使地球靠近它。但同时，地球围着太阳做圆周运动时，又会产生一个远离太阳方向的离心力，这两种力相互牵制，达到一个相对的平衡，因此，地球便会不停地围着太阳运转。这种运动叫做地球的公转，公转一周的时间约为一年，即365天零6小时9分9秒。

wèi shén me cóng tài kōngzhōng kàn dì qiú shì lán sè de
为什么从太空中看地球是蓝色的？

dì qiú cháng bèi chēngwéi lán sè de xīng qiú zhè shì yīn wèi dì
地球常被称为“蓝色的星球”，这是因为地
qiú biǎomiàn de dōu bèi hǎi shuǐ fù gài zhe dāng tài yángguāngzhàoshè
球表面的2/3都被海水覆盖着。当太阳光照射
dào qīng chè de hǎi miàn shang
到清澈的海面上
shí shuǐ fēn zǐ yě zhǐ fǎn shè
时，水分子也只反射
lán sè bō cháng de guāng suǒ
蓝色波长的光，所
yǐ cóng tài kōngzhōng yáowàng
以从太空中遥望，
yǔ hángyuán zhǐ néng kàn dào yī
宇航员只能看到一
kē lán sè de xīng qiú
颗蓝色的星球。

海洋占了地球表面积的71%，所以从卫星上看，地球是蔚蓝色的。

dì qiú zài kōngzhōng wèi shén me bù huì diào xia qù
地球在空中为什么不会掉下去？

gēn jù wàn yǒu yǐn lì dìng lǜ dé zhī suǒ yǒu wù tǐ zhī jiān dōu yǒu
根据万有引力定律得知，所有物体之间都有
yǐn lì ér wù tǐ de zhì liàng yuè dà duì bié de wù tǐ de yǐn lì jiù
引力，而物体的质量越大，对别的物体的引力就
huì yuè dà tài yáng de zhì liàng shì dì qiú zhì liàng de wàn bèi yīn
会越大。太阳的质量是地球质量的33万倍，因
cǐ jiù huì duì dì qiú chǎnshēng qiáng dà
此，就会对地球产生强大
de yǐn lì shǐ dì qiú bù néng tuō lí
的引力，使地球不能脱离
zì jǐ de yùn xíng guǐ dào zhè yàng
自己的运行轨道。这样，
dì qiú jiù bù huì diào xia qù le
地球就不会掉下去了。

地球在太阳的吸引下不会掉下来

shén me shì dì qiú de zì zhuàn
什么是地球的自转？

dì qiú de zì zhuàn jiù shì dì qiú rào zì zhuànzhóu zì xī xiàng dōng de zhuǎndòng cóng běi jí diǎn shàng kōng kàn chéng nì shí zhēn xuán zhuǎn cóng nán jí diǎn shàng kōng kàn chéng shùn shí zhēn xuán zhuǎn zì zhuàn shì dì qiú de yī zhǒng zhòng yào yùn dòng xíng shì dì qiú zì zhuàn yī quān de shí jiān wéi xiǎo shí fēn miǎo yě jiù shì yī tiān

地球的自转就是地球绕自转轴自西向东的转动，从北极点上空看呈逆时针旋转，从南极点上空看呈顺时针旋转。自转是地球的一种重要运动形式，地球自转一圈的时间为23小时56分4秒，也就是一天。

北极

地轴

旋转的方向

南极

地球的自转

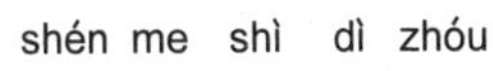

shén me shì dì zhóu
什么是地轴？

guān chá dì qiú yí shí wǒ men huì fā xiàn dì qiú yí shàng yǒu yī gēn xiǎo bàng guàn chuān dì qiú cóng nán jí hé běi jí shēn chū shí jì shang zhè gēn bàng dài biǎo de shì dì zhóu dàn dì zhóu shí jì shang bìng bù cún zài tā zhǐ shì rén men wèi le fāng biàn miáo shù dì qiú zì zhuàn ér jiǎ shè cún zài de

观察地球仪时，我们会发现，地球仪上有一根小棒贯穿地球，从南极和北极伸出。实际上，这根棒代表的是地轴。但地轴实际上并不存在，它只是人们为了方便描述地球自转而假设存在的。

wèi shén me dì qiú de zì zhuàn yǒu shí kuài yǒu shí màn

为什么地球的自转有时快有时慢？

dì qiú zì zhuàn de sù dù yī bān suí jì jié ér biàn huà nián yǔ nián
地球自转的速度一般随季节而变化，年与年
zhī jiān de zì zhuàn sù dù yě yǒu chà yì yǐn qǐ dì qiú zì zhuàn sù dù
之间的自转速度也有差异。引起地球自转速度
fā shēng biàn huà de zhǔ yào yuán yīn shì cháo xī de mó cā fēng de jì jié xìng
发生变化的主要原因是潮汐的摩擦、风的季节性
biàn huà dì qiào bǎn kuài yùn dòng děng cǐ wài nán jí dà lù bīng chuān de
变化、地壳板块运动等。此外，南极大陆冰川的
róng huà shǐ nán jí dà lù de zhì
融化使南极大陆的质
liàng jiǎn qīng dì qiú zhì liàng fēn bù
量减轻，地球质量分布
de biàn huà yě huì yǐng xiǎng dì qiú
的变化也会影响地球
zì zhuàn de sù dù
自转的速度。

地球自转示意图

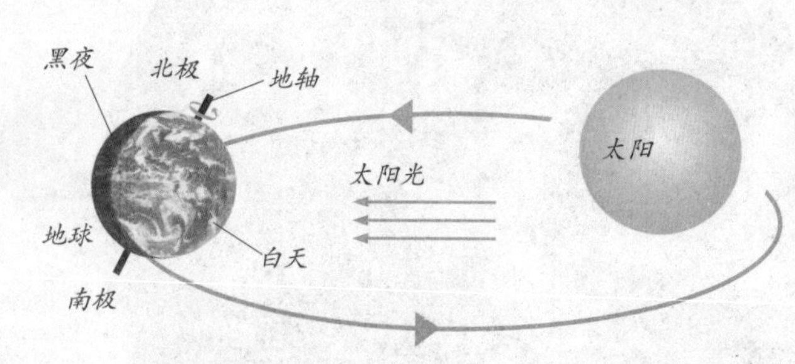

wèi shén me huì yǒu bái tiān hé hēi yè

为什么会有白天和黑夜？

yóu yú dì qiú shì yuán de suǒ yǐ dāng tài yáng guāng xiàn zhào dào dì
由于地球是圆的，所以当太阳光线照到地
qiú shang shí miàn xiàng tài yáng de yī miàn yǒu yáng guāng jiù shì bái tiān ér
球上时，面向太阳的一面有阳光，就是白天；而
bèi xiàng tài yáng de yī miàn méi yáng guāng jiù shì hēi yè yóu yú dì qiú
背向太阳的一面没阳光，就是黑夜。由于地球
zǒng shì zì xī xiàng dōng zhuǎn dòng měi xiǎo shí qià hǎo zhuǎn dòng yī quān
总是自西向东转动，每24小时恰好转动一圈，
suǒ yǐ jiù huì yǒu bái tiān hé hēi yè jiāo tì chū xiàn de xiàn xiàng
所以就会有白天和黑夜交替出现的现象。

 为什么我们感觉不到地球在转动？

通常，我们通过周围景物的相对移动来判断我们自身的运动。而且，景物离我们越近，在视觉上，它的相对运动就越明显。然而，地球在宇宙中转动时，身处地球上的我们也以同样的速度跟着地球一起转动。我们周围的一切事物正和我们自己一样，随着地球一起在运动，所以我们感觉不到地球在不停地运动。只有太阳、月亮和星星的升起落下，才能够证实地球在自转。

太阳东升西落能让我们证实地球一直处在不断地运动之中。

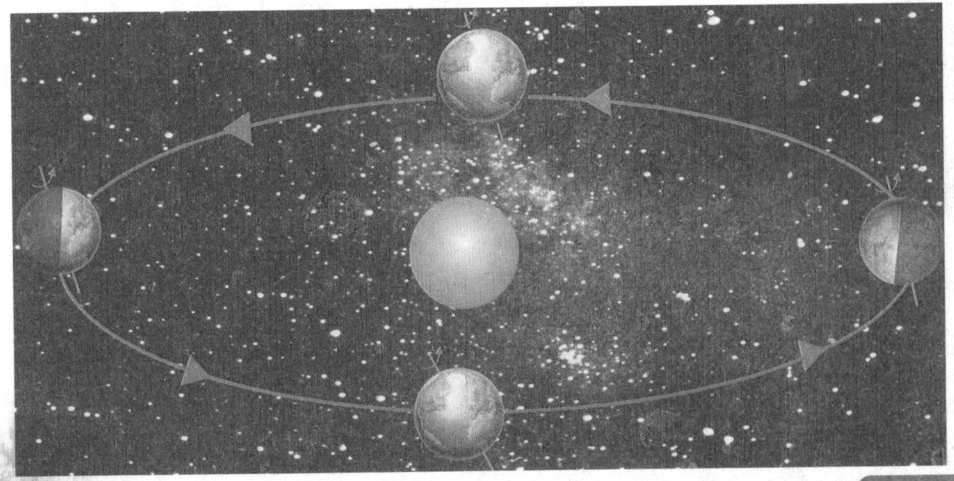

地球公转与自转示意图

wèi shén me huì yǒu sì jì biàn huà
为什么会有四季变化？

dì qiú rào tài yáng gōng zhuàn shí, yě zài rào zì shēn de dì zhóu zì zhuàn. dàn dì zhóu bìng bù shì chuí zhí de, ér shì yǒu yī gè qīng xié de jiǎo dù, zhèng shì zhè ge qīng jiǎo shǐ tài yáng zài dì qiú biǎo miàn de zhí shè diǎn zài nán、běi huí guī xiàn zhī jiān yí dòng, cóng ér xíng chéng le chūn、xià、qiū、dōng sì jì.

地球绕太阳公转时，也在绕自身的地轴自转。但地轴并不是垂直的，而是有一个倾斜的角度，正是这个倾角使太阳在地球表面的直射点在南、北回归线之间移动，从而形成了春、夏、秋、冬四季。

春 夏 秋 冬

四季变化的过程

一天当中，午时最热

qì wēn zài yī tiān zhōng zěn yàng biàn huà
气温在一天中怎样变化？

zài zhèng cháng qíng kuàng xià, yī tiān zhōng zuì dī qì wēn zǒng shì chū xiàn zài rì chū qián hòu. rì chū hòu, qì wēn zhú jiàn shēng gāo, dào 13～14 shí (dōng jì) huò 14～15 shí (xià jì) shí, qì wēn shēng dào zuì gāo, rán hòu zài zhú jiàn jiàng dī.

在正常情况下，一天中最低气温总是出现在日出前后。日出后，气温逐渐升高，到13～14时（冬季）或14～15时（夏季）时，气温升到最高，然后再逐渐降低。

dì qiú shì shí xīn hái shì kōng xīn de
地球是实心还是空心的？

dì qiú shì yóu xǔ duō wù zhì zǔ chéng de shí xīn tǐ rán ér hái yǒu
地球是由许多物质组成的实心体，然而还有
yī zhǒng dì qiú kōng dòng shuō de lǐ lùn qí rèn wéi dì qiú shì yī gè zhōng
一种地球空洞说的理论。其认为地球是一个中
kōng de xīng qiú gāi lǐ lùn hái jīng cháng rèn
空的星球，该理论还经常认
wéi dì qiú yǒu yī gè shì yí rén lèi jū zhù
为地球有一个适宜人类居住
de nèi biǎo miàn dàn xiàn zài zhè yī xiǎng
的内表面。但现在这一想
fǎ zhǐ dé dào le hěn shǎo de zhī chí dà
法只得到了很少的支持，大
duō shù kē xué jiā rèn tóng dì qiú shì yī gè shí
多数科学家认同地球是一个实
xīn de tiān tǐ
心的天体。

地球

dì qiú biǎo miàn fù gài zhe shén me
地球表面覆盖着什么？

dì qiú biǎo miàn bèi hǎi yáng hé lù dì fù gài zhe lù dì shang yòu yǒu
地球表面被海洋和陆地覆盖着，陆地上又有
bù tóng de dì biǎo xíng tài gāo shān xiá gǔ píng yuán gāo yuán hé liú
不同的地表形态，高山、峡谷、平原、高原、河流、
hú bó shā mò pén dì qiū líng děng tā men gòng tóng zǔ chéng le měi lì
湖泊、沙漠、盆地、丘陵等，它们共同组成了美丽
de dì qiú jiā yuán
的地球家园。

多样的地表形态

hǎi shuǐ shì cóng nǎ lǐ lái de

海水是从哪里来的？

guān yú dì qiú shang shuǐ de lái lì kē xué jiè mù qián hái cún zài
关于地球上水的来历，科学界目前还存在
zhe bù tóng de kàn fǎ yī zhǒng shì shuō dì qiú cóng yuán shǐ tài yáng xīng yún
着不同的看法：一种是说地球从原始太阳星云
zhōng níng jù chū lái shí biàn xié dài zhe zhè bù fen shuǐ lìng yī zhǒng shuō
中凝聚出来时，便携带着这部分水；另一种说
fǎ rèn wéi hǎi shuǐ shì lái zì tài kōng zhōng yóu bīng zǔ chéng de xiǎo huì xīng
法认为海水是来自太空中由冰组成的小彗星，
tā men jìn rù dì qiú dà qì céng hòu jiù huì pò liè róng huà chéng shuǐ zhēng
它们进入地球大气层后，就会破裂融化成水蒸
qì suǒ yǐ jīng guò shù yì nián shí jiān de jī lěi jiù xíng chéng le rú jīn
气，所以经过数亿年时间的积累，就形成了如今
liáo kuò de hǎi yáng le
辽阔的海洋了。

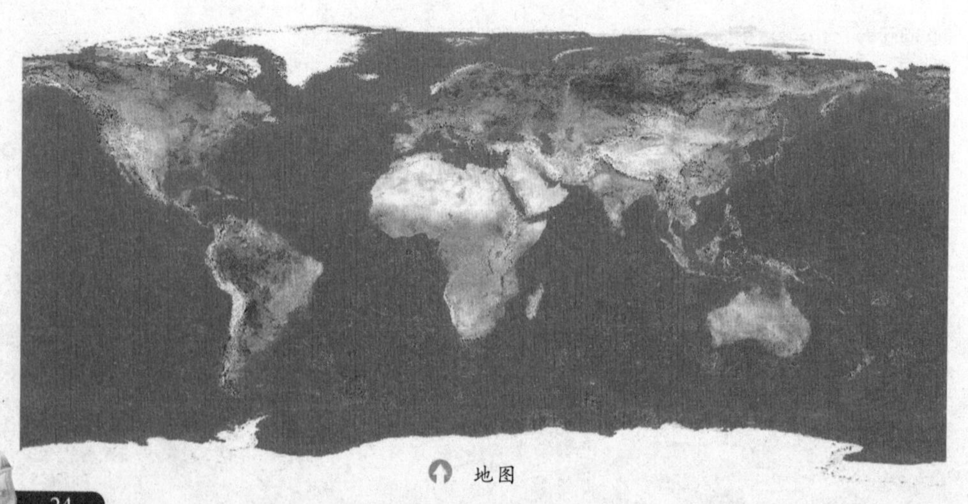

地图

dà hǎi hé lù dì nǎ ge miàn jī gèng dà

 大海和陆地哪个面积更大？

dì qiú biǎomiàn hǎi yáng de miàn jī shí fēn guǎngkuò hǎi yáng de miàn
　　地球表面海洋的面积十分广阔，海洋的面
jī gòngyuē yì píngfāngqiān mǐ yuēzhàn dì qiú zǒngmiàn jī de
积共约3.61亿平方千米，约占地球总面积的71%。
lù dì zǒngmiàn jī yuē wéi yì píngfāngqiān mǐ yuēzhàn dì qiú zǒngmiàn
陆地总面积约为1.49亿平方千米，约占地球总面
jī de suǒ yǐ shuō dà hǎi de miàn jī gèng dà
积的29%，所以说，大海的面积更大。

水循环示意图

shuǐ xún huán shì zěn me huí shì

 水循环是怎么回事？

zài tài yáng de zhàoshè xià hǎi yángzhōng de shuǐ qì bù duànzhēng fā shàngshēng níng jié
　　在太阳的照射下，海洋中的水汽不断蒸发上升，凝结
chéngyún dāngyúnzhōng jù jí de shuǐ qì tài zhòng shí jiù huì xià jiàngchéng yǔ huò xuě luò dào
成云。当云中聚集的水汽太重时，就会下降成雨或雪落到
dì miànshang zī rùn wàn wù rán hòu yǔ shuǐ yòu suí zhe hé liú zhòng xīn zài huí dào hǎi yáng lǐ
地面上滋润万物，然后雨水又随着河流重新再回到海洋里。
zhè jiù shì shuǐ xúnhuán de guòchéng
这就是水循环的过程。

什么是冰河世纪？地球一共经过几次“冰期”？

冰河世纪是指在地质历史上曾经出现过气候寒冷的大规模冰川活动时期。地球上曾经有过三次冰期，即前寒武晚期、石炭—二叠纪和第四纪。第四纪冰期的遗迹最多，如斯堪的纳维亚半岛的峡湾，阿尔卑斯山的U型谷和陡峭的山峰等，都是第四纪冰川作用留下的产物。

阿尔卑斯山

shén me shì bīngchuān
什么是冰川？

zài dì qiú de nán běi liǎng jí hé gāoshān dì qū jī xuě yóu yú zì
在地球的南北两极和高山地区，积雪由于自
shēn de yā lì biànchéngbīng yòu yīn zhòng lì zuòyòng ér yán zhe dì miànxiàng
身的压力变成冰，又因重力作用而沿着地面向
qīng xié fāngxiàng yí dòng zhèzhǒng yí dòng de dà bīngkuài jiào zuò bīngchuān
倾斜方向移动，这种移动的大冰块叫做冰川。
shì jiè shang xǔ duō dà jiāng dà hé dōu fā yuán yú bīngchuān
世界上许多大江大河都发源于冰川。

dì qiú shang wèi shén me huì chū xiàn bīng qī
地球上为什么会出现冰期？

bīng qī de chéng yīn yǒu gè zhǒng bù tóngshuō fǎ dàn
冰期的成因，有各种不同说法，但
xǔ duō yán jiū zhě rèn wéi kě néng yǔ tài yáng xì zài yín hé xì
许多研究者认为可能与太阳系在银河系
de yùn xíngzhōu qī yǒuguān yǒu de rèn wéi yín hé xì zhōng wù
的运行周期有关。有的认为银河系中物
zhì fēn bù bù jūn tài yángtōngguò xīng jì wù zhì mì dù jiào dà
质分布不均，太阳通过星际物质密度较大
de dì duàn shí jiàng dī le tài yáng de fú shènéngliàng ér xíng
的地段时，降低了太阳的辐射能量而形
chéng dì qiú shang de bīng qī
成地球上的冰期。

 什么是地质年代？

shén me shì dì zhì nián dài

地质年代是指地壳上不同时期的岩石和地层(时间表述单位:宙、代、纪、世、期、阶;地层表述单位:宇、界、系、统、组、段),在形成过程中的时间(年龄)和顺序。

dì zhì nián dài shì zhǐ dì qiàoshang bù tóng shí qī de yán shí hé dì céng shí jiān biǎo shù dān wèi zhòu dài jì shì qī jiē dì céngbiǎo shù dān wèi yǔ jiè xì tǒng zǔ duàn zài xíngchéng guòchéngzhōng de shí jiān nián líng hé shùn xù

砂岩

 人类是什么时候出现的？

rén lèi shì shén me shí hou chū xiàn de

在地球诞生这46亿年中,有40亿年地球上是无生命的,这个时代被称为太古代和远古代。出现生命后的6亿年分为古生代、中生代和新生代。人类出现在新生代,在地球史中是非常短暂的,如果将地球的演变过程46亿年当做2小时的电影来看,人类则出现在最后的2秒钟。

zài dì qiú dànshēngzhè yì niánzhōng yǒu yì nián dì qiúshang shì wú shēngmìng de zhè ge shí dài bèi chēngwéi tài gǔ dài hé yuǎn gǔ dài chū xiànshēngmìnghòu de yì nián fēn wéi gǔ shēng dài zhōngshēng dài hé xīn shēng dài rén lèi chū xiàn zài xīn shēng dài zài dì qiú shǐzhōng shì fēi cháng duǎnzàn de rú guǒjiāng dì qiú de yǎn biàn guòchéng yì niándāngzuò xiǎo shí de diànyǐng lái kàn rén lèi zé chū xiàn zài zuì hòu de miǎozhōng

新石器时代

nǐ zhī dào shén me shì shēng wù quān ma

你知道什么是生物圈吗？

dì qiú shang yǒu shēng mìng cún zài de dì qū dōu shǔ yú shēng wù quān tā bāo kuò dì qiú shang yī qiē shēng mìng yǒu jī tǐ zhí wù dòng wù hé wēi shēng wù jí qí lài yǐ shēng cún hé fā zhǎn de huán jìng kōng qì shuǐ yán shí tǔ rǎng děng shēng wù quān lǐ fán yǎn zhe gè zhǒng gè yàng de shēng mìng yīn ér shēng wù quān shì suǒ yǒu shēng wù gòng tóng de jiā yuán

地球上有生命存在的地区都属于生物圈，它包括地球上一切生命有机体（植物、动物和微生物）及其赖以生存和发展的环境（空气、水、岩石、土壤等）。生物圈里繁衍着各种各样的生命，因而，生物圈是所有生物共同的家园。

地球上生长着各种各样的生物，河流、山川、森林、草原处处都能找到生物的足迹。

一头牛新陈代谢的过程

dì qiú shang zuì dà de dòng wù shì shén me

地球上最大的动物是什么？

lán jīng shì hǎi yáng zhōng zuì dà de dòng wù yě shì mù qián dì qiú shang zuì dà de dòng wù tā de tǐ cháng kě dá dào mǐ zhòng dūn tā de xīn zāng hé xiǎo qì chē yī yàng dà yīng ér kě yǐ pá guò tā de dòng mài gāng shēng xià de lán jīng yòu zǎi bǐ yī tóu chéng nián xiàng hái yào zhòng

蓝鲸是海洋中最大的动物，也是目前地球上最大的动物，它的体长可达到33米，重180吨。它的心脏和小汽车一样大，婴儿可以爬过它的动脉，刚生下的蓝鲸幼崽比一头成年象还要重。

蓝鲸是目前地球上最大的动物

rú hé pàn duàn yán shí de nián líng

如何判断岩石的年龄？

yóu yú fàng shè xìng yuán sù de yuán zǐ huì tuì biàn ér qiě zhè zhǒng
由于放射性元素的原子会蜕变，而且这种
fàng shè xìng yuán sù zài dì qiú shang fēn bù hěn guǎng xiàng yóu zài xǔ duō yán
放射性元素在地球上分布很广，像铀在许多岩
shí zhōng dōu yǒu tā tuì biàn hòu chǎn
石中都有，它蜕变后产
shēng de qiān jiù huì liú xià lái
生的铅就会留下来。
yīn cǐ gēn jù yī kuài yán shí zhōng
因此根据一块岩石中
hán yǒu duō shǎo yóu hé fēn liè chū lái
含有多少铀和分裂出来
de qiān jiù néng gòu suàn chū zhè kuài
的铅，就能够算出这块
yán shí de nián líng
岩石的年龄。

菊石化石

yòng shén me lái cè dìng gǔ wén wù de nián líng

用什么来测定古文物的年龄？

人们通过测定三叶虫化石中碳 14 的含量，就能推算出三叶虫生活在哪个时代。

kǎo gǔ gōng zuò zhě yòng tàn lái cè dìng gǔ wén wù de nián líng
考古工作者用碳 14 来测定古文物的年龄。
zhè shì yīn wèi tàn de bàn shuāi qī shì nián jí jīng guò
这是因为碳 14 的半衰期是 5730 年，即经过 5730
nián tàn de hán liàng cái jiǎn shǎo yī bàn yīn cǐ
年，碳 14 的含量才减少一半。因此，
kǎo gǔ gōng zuò zhě cóng yí zhǐ gǔ jì zhōng cǎi jí dào
考古工作者从遗址、古迹中采集到
yī kuài mù piàn zhǐ yào cè dìng yī xià qí zhōng tàn
一块木片，只要测定一下其中碳 14
de hán liàng jiù kě yǐ tuī suàn chū zhè mù piàn de nián
的含量，就可以推算出这木片的年
dài cóng ér dé chū gāi yí zhǐ gǔ jì de nián dài
代，从而得出该遗址、古迹的年代。

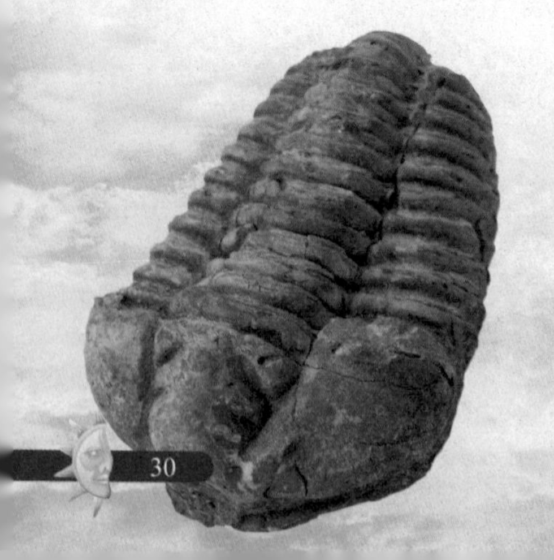

huà shí shì rú hé xíngchéng de
化石是如何形成的？

huà shí shì yuǎn gǔ dòng zhí wù de shī tǐ jīng guò qiān wàn nián yǎn biàn ér chéng de jǐ qiān wàn nián qián de dòng wù zhí wù sǐ wánghòu bèi mái zài ní shā lǐ suí zhe shí jiān de tuī yí dòng zhí wù de shī tǐ biàn huì suí zhe ní shā de chén jī zhú jiàn bèi mái zài dì qiú shēnchù

化石是远古动植物的尸体经过千万年演变而成的。几千万年前的动物、植物死亡后，被埋在泥沙里。随着时间的推移，动植物的尸体便会随着泥沙的沉积逐渐被埋在地球深处。

yóu yú dì dǐ de yā lì hěn dà wēn dù hěngāo chén jī de ní shā zhú jiàn biànchéng le yán shícéng dì zhì xuéshangjiào dì céng dòngzhí wù shī tǐ de jiān yìng bù fen rú gǔ gé bèi ké děng yě suí zhe ní shā zhú jiàn biàn wéi dì céng bìngxiàngyán shí yī yàngjiān yìng dòngzhí wù shī tǐ de róu ruǎn bù fen rú yè zi děng yě kě néng zài dì céngzhōng liú xià yìn jì zhè yàng huà shí jiù xíngchéng le

由于地底的压力很大，温度很高，沉积的泥沙逐渐变成了岩石层，地质学上叫地层。动植物尸体的坚硬部分，如骨骼、贝壳等也随着泥沙逐渐变为地层，并像岩石一样坚硬；动植物尸体的柔软部分，如叶子等也可能在地层中留下印迹，这样，化石就形成了。

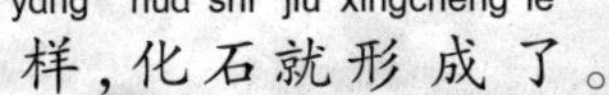

化石的形成过程

演化之谜 »»

地球自从诞生后经历了亿万年的沧海桑田才演化成如今的模样，地球内部是什么样子的？“大陆漂移”学说是怎么回事？喜马拉雅山从前是海洋吗？……许许多多关于地球演化的故事是人类近百年中经过艰苦的探索和研究获得的。

dì qiú nèi bù shì shén me yàng zi de
地球内部是什么样子的？

dì qiú shì yóu xǔ duō wù zhì zǔ chéng de shí xīn tǐ tā de nèi bù
地球是由许多物质组成的实心体，它的内部
shì yǒucéng cì de zhè xiē céng cì bèi chēng
是有层次的，这些层次被称
wéi dì qiú nèi bù quāncéng dì qiú nèi
为地球内部圈层。地球内
bù quāncéng kě fēn chéng dì qiào dì
部圈层可分成地壳、地
màn hé dì hé sāncéng gè bù fen
幔和地核三层，各部分
de wù zhì jié gòu bù tóng
的物质结构不同。

地壳
内核
外核
地幔

为什么地球内部分了许多圈层？
wèi shén me dì qiú nèi bù fēn le xǔ duō quān céng

kē xué jiā rèn wéi dì qiú shì yóu chì rè de xīng yún níng jié ér chéng de jù cǐ tuī cè dì qiú zài chù yú róng róng zhuàng tài shí wù zhì huì yīn bǐ zhòng bù tóng ér chǎn shēng zhòng chén qīng fú zuì zhòng de dōu jí zhōng dào dì qiú zhōng xīn qù le qīng de fú zài wài mian lěng què yǐ hòu jié chéng jiān yìng de dì qiào suǒ yǐ dì qiú jiù fēn chéng le xǔ duō quān céng

科学家认为：地球是由炽热的星云凝结而成的。据此推测，地球在处于熔融状态时，物质会因比重不同而产生重沉轻浮，最重的都集中到地球中心去了，轻的浮在外面，冷却以后结成坚硬的地壳，所以地球就分成了许多圈层。

地球的分层结构

地壳是由哪些岩石构成的？
dì qiào shì yóu nǎ xiē yán shí gòu chéng de

dì qiào fēn wéi shàng xià liǎng céng shàng céng huà xué chéng fèn yǐ yǎng guī lǚ wéi zhǔ píng jūn huà xué zǔ chéng yǔ huā gǎng yán xiāng sì chēng wéi huā gǎng yán céng xià céng fù hán guī hé měi píng jūn huà xué zǔ chéng yǔ xuán wǔ yán xiāng sì chēng wéi xuán wǔ yán céng

地壳分为上下两层。上层化学成分以氧、硅、铝为主，平均化学组成与花岗岩相似，称为花岗岩层。下层富含硅和镁，平均化学组成与玄武岩相似，称为玄武岩层。

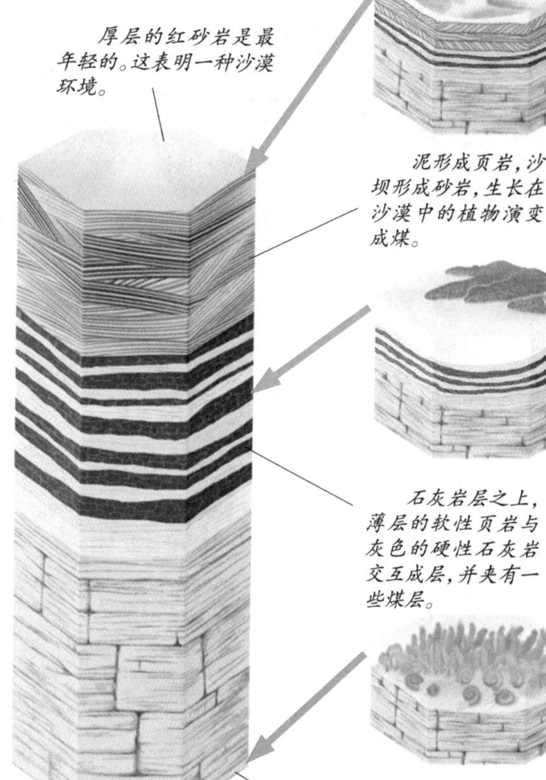

厚层的红砂岩是最年轻的。这表明一种沙漠环境。
泥形成页岩，沙坝形成砂岩，生长在沙漠中的植物演变成煤。
石灰岩层之上，薄层的软性页岩与灰色的硬性石灰岩交互成层，并夹有一些煤层。
底部是最古老的厚层石灰岩（碳酸钙），里面充满了贝壳化石。这表明该地区曾被大海淹没过。

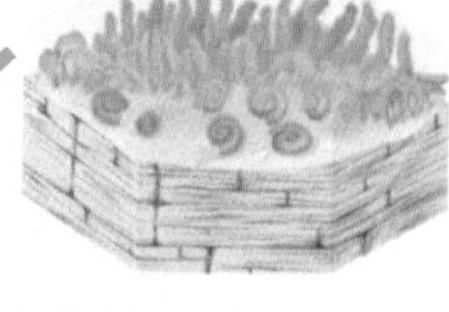

dì qiú de hé xīn dì hé shì shén me yàng de

地球的核心——地核是什么样的？

dì hé shì dì qiú de hé xīn bù fen wèi yú dì qiú de zuì nèi bù

地核是地球的核心部分，位于地球的最内部，

bàn jìng yuē wéi qiān mǐ zhǔ yào yóu tiě niè yuán sù zǔ chéng dì

半径约为3470千米，主要由铁、镍元素组成。地

hé nèi bù zhè xiē tè shū qíngkuàng jí shǐ zài shí yàn shì lǐ yě hěn nán mó

核内部这些特殊情况，即使在实验室里也很难模

nǐ suǒ yǐ rén men duì tā liǎo jiě de hái hěnshǎo

拟，所以人们对它了解得还很少。

铀等放射性元素释放出的热使地球内部变热，易熔部分开始逐渐化解。

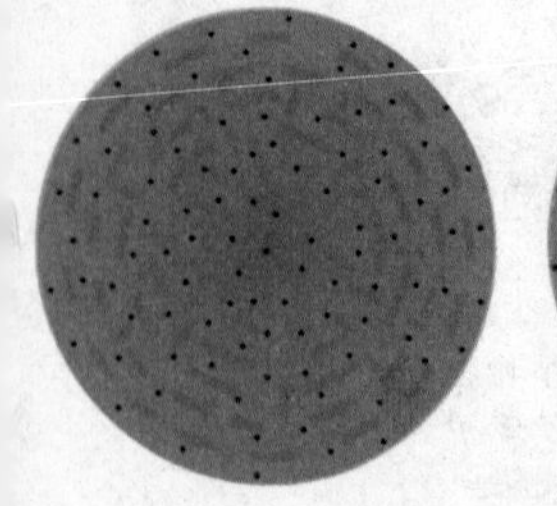

铁和镍等重金属开始在中心周围沉积。轻元素成为岩浆，浮在距地表不远处。

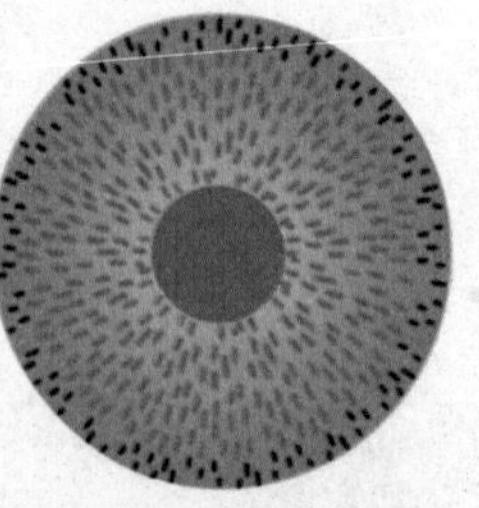

向地心沉积的铁和镍开始形成地核。

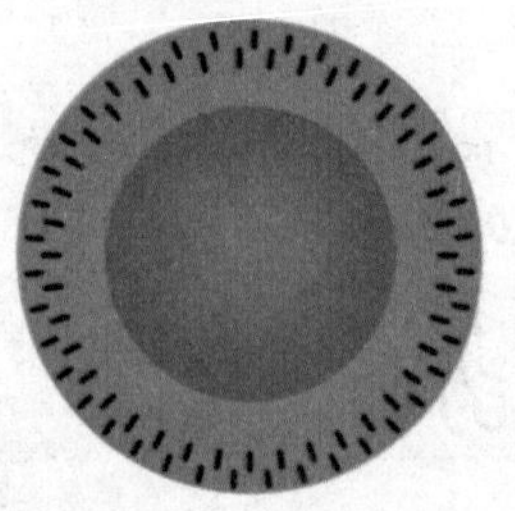

地核在中心形成，地表冷却，大陆地壳开始形成。

dì qiú zhōng xīn de wēn dù shì duō shǎo

地球中心的温度是多少？

dì hé shì dì qiú zhōngwēn dù zuì gāo de bù fen zuì gāo kě dá

地核是地球中温度最高的部分，最高可达

zuǒ yòu shèn zhì yǔ tài yángbiǎomiàn de wēn dù chà bù duō yīn

5500℃左右，甚至与太阳表面的温度差不多。因

cǐ dì qiú shang de rè liàngchú le lái zì tài yáng hái yǒuxiāngdāng

此，地球上的热量除了来自太阳，还有相当

yī bù fen lái zì yú gāowēn de dì hé

一部分来自于高温的地核。

地球物质中放射性元素衰变产生的热量是地热的主要来源。

rén lèi shì zěn me zhī dào dì qiú lǐ miàn shì shén me yàng de
人类是怎么知道地球里面是什么样的？

dì zhèn yǐn qǐ de zhèndòngnéng shǐ wǒ men cè chū dì qiú de jié gòu
地震引起的震动能使我们测出地球的结构。
bù tóng de wù zhì yǒu bù tóng de mì dù dì qiú yě shì àn zhào bù tóng wù
不同的物质有不同的密度，地球也是按照不同物
zhì fēn chéng bù tóng céng cì pái liè de suǒ yǐ dāngzhèn bō tōng guò bù
质、分成不同层次排列的，所以，当震波通过不
tóng mì dù de dǐ céng shí tā de sù dù shèn zhì tā de fāngxiàng jiù huì
同密度的底层时，它的速度、甚至它的方向就会
shòudào yǐngxiǎng fā shēngbiàn huà kē xué jiā men gēn jù dì zhèn bō chū
受到影响，发生变化。科学家们根据地震波出
xiàn de guī lǜ jiù néngsuànchū dǐ céng
现的规律，就能算出底层
de hòu dù hé zǔ chéng wù zhì cóng ér
的厚度和组成物质，从而
le jiě dì qiú nèi bù de yàng zi
了解地球内部的样子。

地震灾害使许多人在一瞬间失去了家园。

地震波可以帮助我们了解地球的内部组成

 大陆漂移说是如何诞生的？

20世纪初，德国物理学家魏格纳在看世界地图时，惊奇地发现了南美洲大陆和非洲大陆边缘形态正好可以拼接起来，从这里入手，他搜集了大量有关地质结构、气候、岩石和化石材料，研究了它们之间的相似性后，他于1912年提出了大陆漂移说。

最初，地球大陆是一个整体。

1.8亿年前，大西洋分裂出来。

 什么是板块构造？

板块构造理论是一种现代地球科学理论，它认为，地球表层（岩石圈）是由巨大板块构成，全球岩石圈可分成六大板块，即太平洋板块、印度洋板块、亚欧板块、非洲板块、美洲板块和南极洲板块。

魏格纳

大约在 1.35 亿年前，陆地开始分裂。

1000 万年前，大西洋扩大了许多，地球上的几大洲初步形成。

bǎn kuài de yí dòng sù dù yǒu duō kuài
板块的移动速度有多快？

jù dì zhì xué jiā gū jì， dì qiú gè gè bǎn kuài yùndòng de sù dù shì hěnhuǎnmàn de， yī xiē xiǎo de bǎn kuài píng jūn měi nián yí dòng jǐ lí mǐ， ér dà de bǎn kuài měi nián jǐn jǐn yí dòng jǐ háo mǐ。 zhè ge sù dù suī rán hěn màn， dàn shì jīng guò yì wàn nián zhī hòu， dì qiú de miànmào jiù huì fā shēng hěn dà de biàn huà。

据地质学家估计，地球各个板块运动的速度是很缓慢的，一些小的板块平均每年移动几厘米，而大的板块每年仅仅移动几毫米。这个速度虽然很慢，但是经过亿万年之后，地球的面貌就会发生很大的变化。

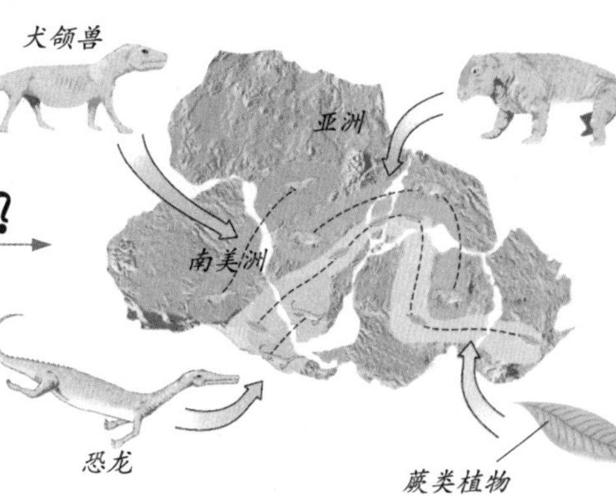

板块移动使得古生物存活在不同板块上

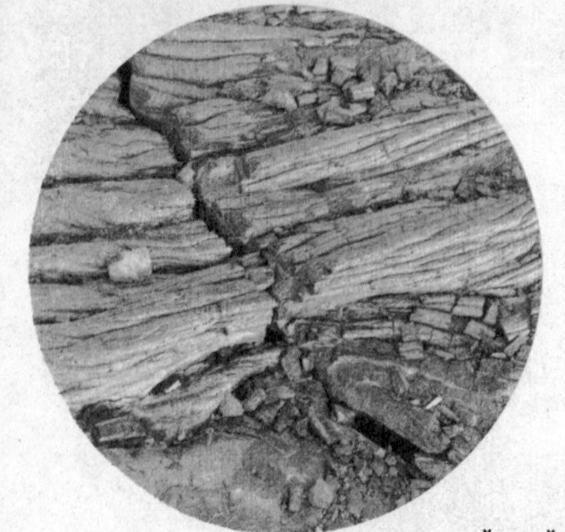

断层发生时产生的狭长的凹陷地带，称为地堑。

wèi shén me huì xíng chéng duàn céng

为什么会形成断层？

duàn céng zé shì dì qiào yùn dòng suǒ chǎn shēng de qiáng dà yā lì hé zhāng lì chāo guò le yán céng běn shēn de qiáng dù dǎo zhì yán céng fā shēng duàn liè ér xíng chéng de

断层则是地壳运动所产生的强大压力和张力超过了岩层本身的强度，导致岩层发生断裂而形成的。

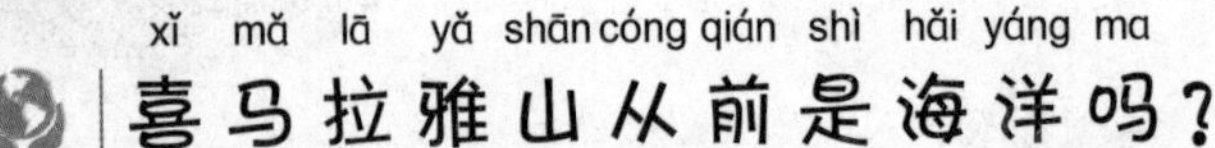

xǐ mǎ lā yǎ shān cóng qián shì hǎi yáng ma

喜马拉雅山从前是海洋吗？

jù dì zhì kǎo chá zhèng shí zǎo zài yì nián qián xiàn zài de xǐ mǎ lā yǎ shān mài de guǎng dà dì qū shì yī piàn wāng yáng dà hǎi chēng gǔ dì zhōng hǎi tā jīng lì le zhěng gè màn cháng de dì zhì shí qī zuì zhōng shàng shēng wéi jīn tiān shì jiè shang zuì gāo de shān mài kē xué jiā zài xǐ mǎ lā yǎ shān mài dì qū de kǎo chá zhōng hái fā xiàn le yú lèi hé bèi lèi de huà shí zhè gèng shuō míng xǐ mǎ lā yǎ shān mài de guǎng dà dì qū céng jīng shì hǎi yáng

据地质考察证实，早在20亿年前，现在的喜马拉雅山脉的广大地区是一片汪洋大海，称古地中海，它经历了整个漫长的地质时期，最终上升为今天世界上最高的山脉。科学家在喜马拉雅山脉地区的考察中还发现了鱼类和贝类的化石，这更说明喜马拉雅山脉的广大地区曾经是海洋。

喜马拉雅山

nán jí dà lù shì shì jiè shang zuì
南极大陆是世界上最
gāo de dà lù ma
高的大陆吗？

nán jí dà lù yǐ shàng de miàn jī bèi
南极大陆95%以上的面积被
hòu hòu de bīng xuě suǒ fù gài sù yǒu bái sè dà
厚厚的冰雪所覆盖，素有“白色大
lù zhī chēng qí píng jūn hǎi bá mǐ ér qí
陆”之称，其平均海拔2350米，而其
tā jǐ gè dà lù zhōng zuì gāo de shì yà zhōu píng jūn
他几个大陆中最高的是亚洲，平均
hǎi bá wéi mǐ suǒ yǐ shuō nán jí dà lù shì
海拔为950米，所以说，南极大陆是
shì jiè shang zuì gāo de dà lù
世界上最高的大陆。

生活在南极的企鹅

各样颜色的矿石

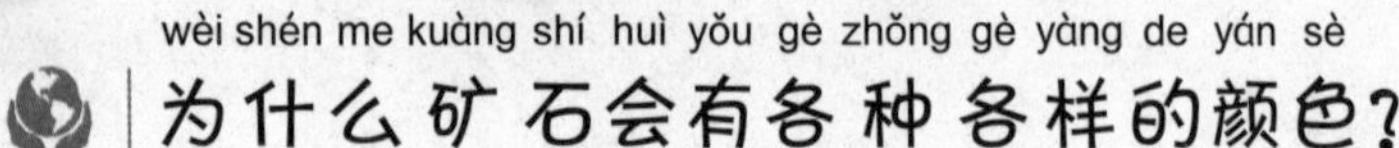

wèi shén me kuàng shí huì yǒu gè zhǒng gè yàng de yán sè
为什么矿石会有各种各样的颜色？

kuàng shí yǒu gè zhǒng gè yàng de yán sè zhè zhǔ yào yǔ gè zhǒng kuàng
矿石有各种各样的颜色，这主要与各种矿
shí jí zǔ hé chéng fēn de bù tóng yǒu guān rú hóng bǎo shí xiǎn hóng sè shì
石及组合成分的不同有关。如红宝石显红色，是
yīn wèi tā hán yǒu jīn shǔ gè cǐ wài hái yǒu yī xiē kuàng shí yán sè shì
因为它含有金属铬。此外，还有一些矿石颜色是
biǎo miàn shòu guāng xiàn yǐng xiǎng suǒ zào chéng de
表面受光线影响所造成的。

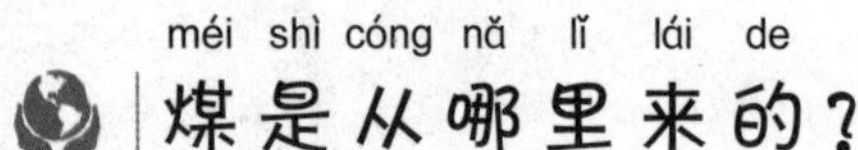

méi shì cóng nǎ lǐ lái de
煤是从哪里来的？

méi tàn shì yī zhǒng gù tǐ huà shí rán liào tā shì gǔ dài zhí wù sǐ
煤炭是一种固体化石燃料，它是古代植物死
wáng hòu mái zài dì xià cháng shí jiān shòu dào xì jùn de shēng wù zuò yòng jí
亡后埋在地下，长时间受到细菌的生物作用及
zài dì zhì de gāo wēn gāo yā yǐng xiǎng xià zuì zhōng xíng chéng de
在地质的高温高压影响下最终形成的。

煤炭是地球上一种十分珍贵的资源。

西亚是目前世界上石油储量最大、生产输出石油最多的地区。

shí yóu shì cóng nǎ lǐ lái de

石油是从哪里来的？

shí yóu shì yóu shù bǎi wàn nián qián de shǐ qián hǎi yáng shēng wù yí hái xíng chéng de cóng zhōng shēng dài dào xīn shēng dài hǎi yáng shēng wù sǐ hòu qū tǐ xià chén bìng bèi mái zài ní shā céng xià ní shā céng hòu lái zhú jiàn biàn chéng yán shí céng yán shí céng yā lì hé xì jùn de zuò yòng shǐ shēng wù yí hái biàn chéng le nóng chóu de shí yóu shí yóu huì chuān guò shū sōng yán shí céng xiàng shàng liú dòng yī zhí liú dào le zhì mì yán shí céng cái bèi dǎng zhù bìng jiàn jiàn jù jí chéng wéi yóu tián

石油是由数百万年前的史前海洋生物遗骸形成的。从中生代到新生代，海洋生物死后躯体下沉，并被埋在泥沙层下，泥沙层后来逐渐变成岩石层。岩石层压力和细菌的作用使生物遗骸变成了浓稠的石油。石油会穿过疏松岩石层向上流动，一直流到了致密岩石层才被挡住，并渐渐聚集成为油田。

瑰丽山川

地球表面被海洋和陆地覆盖着，陆地又由不同的地表形态组成，高山、峡谷、冰川、河流、湖泊、沙漠、盆地、丘陵等，它们将地球家园变得多姿多彩。为什么冰川会移动？什么是天坑？沙漠中有绿洲吗？为什么温泉的水是热的？……

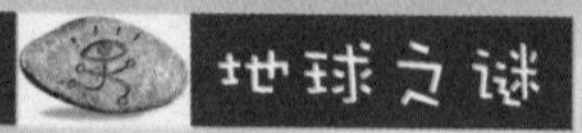

shén me shì qī dà zhōu hé sì dà yáng

什么是“七大洲”和“四大洋”？

wǒ men jīng cháng shuō dì qiú fēn wéi qī dà zhōu àn miàn jī yóu dà dào xiǎo pái liè fēn bié shì yà zhōu fēi zhōu běi měizhōu nán měizhōu nán jí zhōu ōu zhōu hé dà yángzhōu sì dà yáng àn miàn jī dà xiǎo yī cì shì tài píngyáng dà xī yáng yìn dù yáng hé běi bīngyáng

我们经常说地球分为七大洲，按面积由大到小排列，分别是亚洲、非洲、北美洲、南美洲、南极洲、欧洲和大洋洲。四大洋按面积大小依次是太平洋、大西洋、印度洋和北冰洋。

七大洲

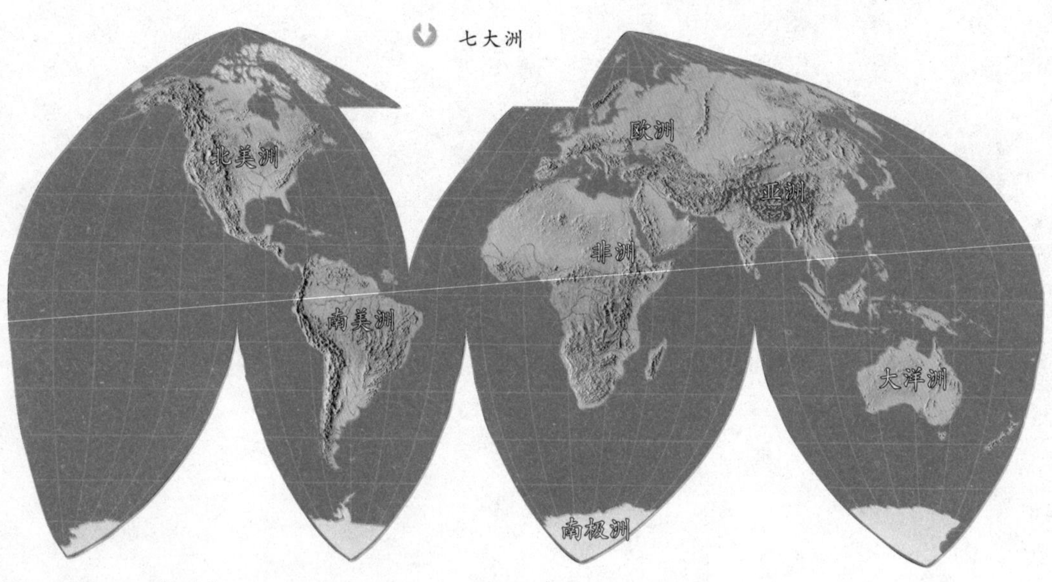

wèi shén me bīngchuān huì yí dòng

为什么冰川会移动？

fēn bù zài gāoshān dì qū hé liǎng jí dì qū de bīngchuān huì suí zhe jiàngshuǐ de zēng jiā ér bù duàn zēnghòu dāng qí zhòng lì dà yú dì miàn de mó cā lì shí biàn huì fā shēng yí dòng bīng chuān de yí dòng sù dù hěn màn yī bān měi tiān zhǐ yǒu jǐ lí mǐ zuì duō de yě bù guò shù mǐ zhī yuǎn

分布在高山地区和两极地区的冰川会随着降水的增加而不断增厚，当其重力大于地面的摩擦力时，便会发生移动。冰川的移动速度很慢，一般每天只有几厘米，最多的也不过数米之远。

移动的冰川

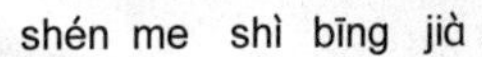

shén me shì bīng jià
什么是冰架？

bīng jià shì nán jí bīng gài xiàng hǎi yángzhōng de yánshēn bù fen bīng
冰架是南极冰盖向海洋中的延伸部分，冰
jià yǒu dà yǒu xiǎo dà de bīng jià kě dá shù wànpíngfāngqiān mǐ bù jǐn
架有大有小，大的冰架可达数万平方千米。不仅
zài nán jí běi jí dì qū yě fēn bù zhe dà liàng de bīng jià qí zhōng
在南极，北极地区也分布着大量的冰架。其中，
nán jí dì qū de luó sī
南极地区的罗斯
bīng jià shì shì jiè shang zuì
冰架是世界上最
dà de bīng jià
大的冰架。

冰架

shén me shì bīng shān
什么是冰山？

bīngshānbìng bù shì zhēnzhèng de shān ér shì piāo fú zài hǎi yángzhōng de jù dà bīngkuài
冰山并不是真正的山，而是漂浮在海洋中的巨大冰块。
zài liǎng jí dì qū hǎi yángzhōng de bō làng huòcháo xī měng liè de chōng jī zhe hǎi àn biānyuán de
在两极地区，海洋中的波浪或潮汐猛烈地冲击着海岸边缘的
dà lù bīngchuān tiāncháng rì jiǔ tā de qiánduānbiànmànmàn de duàn liè xià lái huá dào hǎi yáng
大陆冰川，天长日久，它的前端便慢慢地断裂下来，滑到海洋
zhōng piāo fú zài shuǐmiànshang xíngchéng le bīngshān
中，漂浮在水面上，形成了冰山。

冰山

江河里的水是从哪儿来的？

山上流下来的雪水、泉水，下雨的水，地面上积下的水，都往地面上的沟渠中流，越流越多就成了河。一般来说，小的叫河，大的叫江。小的水渠汇成小河，许多小河的水又汇成一条大河。泉水、雨水和冰雪化成的水从四面八方流在一起，就成了河水、江水。

河流的源头一般位于高山地区，然后顺着地势向下流，一直汇入地势较低的湖泊或海洋中。

为什么河流中会有漩涡？

河流中出现漩涡，大都是在水流的速度和方向突然发生变化的地方。譬如在河流急转弯的地方，桥桩附近或冒出水面的大石块附近。在水流被这些障碍物挡住后，它会绕过障碍物流过去，由于障碍物后面的河水流动缓慢，于是水流就会流向这里，而打起转来，就会出现漩涡了。

河流为什么总是弯弯曲曲的？

这是因为河流在入海的过程中并不是一路畅通的，它总是会遇到各种各样的障碍物。如果障碍物比较容易被破坏，水流就会冲开它继续前进；如果阻碍物坚固，比如高山巨石等，水流就只好绕开它前进。此外，河床的坡度与阻力以及河流沉积物质等因素也会促使河流变得弯曲。综合这些因素，河流就形成了弯弯曲曲的形状。

弯曲的河流

wèi shén me shuō pù bù zhōng huì xiāo shī

 为什么说瀑布终会消失？

yóu yú pù bù de chángnián chōng shí hé dì zhì gòu zào fāngmiàn de yuán
由于瀑布的长年冲蚀和地质构造方面的原
yīn xíngchéng pù bù de xuán yá zài shuǐ liú de qiáng lì chōng jī xià jiāng bù
因，形成瀑布的悬崖在水流的强力冲击下，将不
duàn de tān tā shǐ de pù bù zhú jiàn xiàngshàng yóu fāng xiàng hòu tuì bìng
断地坍塌，使得瀑布逐渐向上游方向后退，并
jiàng dī gāo dù rú cǐ xià qù pù bù zuì zhōng huì xiāo shī jù guān cè
降低高度，如此下去，瀑布最终会消失。据观测
jì lù ní yà jiā lā pù
记录，尼亚加拉瀑
bù nián
布 1842 ~ 1927 年
píng jūn měi nián hòu tuì
平均每年后退 1.02
mǐ luò chā yě zài zhú jiàn
米，落差也在逐渐
jiǎn xiǎo
减小。

尼亚加拉瀑布

pù bù wèi shén me huì fēi liú zhí xià

 瀑布为什么会飞流直下？

dì qiào de chuí zhí yùndòng huì shǐ duàn liè chù fā shēng xiāng duì de shēng
地壳的垂直运动会使断裂处发生相对的升
jiàng xíngchéng xuán yá qiào bì cóng zhè xiē dì fāng jīng guò de hé liú cóng dǒu
降，形成悬崖峭壁，从这些地方经过的河流从陡
yá shang diē luò xià lái ér xíngchéng de shuǐ lián shēng yīn zhèn ěr qì shì
崖上跌落下来而形成的水帘，声音震耳，气势
xióng wěi zhè jiù xíngchéng le fēi liú zhí xià de pù bù cǐ wài bīng
雄伟，这就形成了飞流直下的瀑布。此外，冰
chuān huǒ shān dì xíng hǎi àn xiàn shòu qīn shí àn hé děng zì rán zuò yòng
川、火山地形、海岸线受侵蚀、暗河等自然作用
yě huì xíngchéng pù bù
也会形成瀑布。

wèi shén me huì yǒu sān jiǎo zhōu

为什么会有三角洲？

hé liú cóng yuán tóu chū fā jīng guò màn cháng de lǚ tú huì rù dà hǎi hé shuǐ zài bēn liú rù hǎi de tú zhōng huì xié dài dà liàng ní shā dào le rù hǎi chù hé miàn kuān kuò lù dì píng tǎn shuǐ liú sù dù zhòu rán jiǎn xiǎo zài jiā shàng cháo shuǐ de bù duàn yǒng rù hé shuǐ liú rù dà hǎi de sù dù gèng màn le zhè yàng yī lái ní shā jiù zài rù hǎi kǒu chén diàn duī jī qǐ lái zuì hòu màn màn de lòu chū shuǐ miàn chéng wéi lù dì cóng gāo kōng wǎng xià kàn zhè xiē lù dì de xíng zhuàng lèi sì sān jiǎo xíng dǐng bù zhǐ xiàng shàng yóu dǐ biān wéi qí wài yuán de lù dì suǒ yǐ rén men jiù jiāng tā men chēng wéi sān jiǎo zhōu

河流从源头出发，经过漫长的旅途汇入大海，河水在奔流入海的途中会携带大量泥沙。到了入海处，河面宽阔、陆地平坦，水流速度骤然减小，再加上潮水的不断涌入，河水流入大海的速度更慢了。这样一来，泥沙就在入海口沉淀、堆积起来，最后慢慢地露出水面，成为陆地。从高空往下看，这些陆地的形状类似三角形，顶部指向上游，底边为其外缘的陆地，所以人们就将它们称为“三角洲”。

长江三角洲

流水

湖泊是怎么形成的？

hú pō shì zěn me xíngchéng de

hú pō dà dōu shì yóu yǔ shuǐ hé liú děng huì jí zài lù dì bǐ jiào kuānkuò de dī wā chù zhú jiàn xíngchéng de chú cǐ zhī wài hú pō hái néngtōng guò qí tā fāng shì xíngchéng yǒu de hú pō běn lái shì hǎi yáng de yī bù fen hòu lái yóu yú ní shājiāng dà piànshuǐ yù yǔ dà hǎi gé lí zài lù dì shangxíngchéng le dān dú de hú pō ér huǒshānpēn chū de róng yán hé suì shí děng dǔ sè hé dào yě huì xíngchéng hú pō

湖泊大都是由雨水、河流等汇集在陆地比较宽阔的低洼处逐渐形成的。除此之外，湖泊还能通过其他方式形成。有的湖泊本来是海洋的一部分，后来由于泥沙将大片水域与大海隔离，在陆地上形成了单独的湖泊。而火山喷出的熔岩和碎石等堵塞河道也会形成湖泊。

gāo yuán hé gāo shānshang yě yǒu hú pō ma
高原和高山上也有湖泊吗？

gāoyuán hé gāoshānshang yě yǒu hú pō tā men dà duō shù shì zài
高原和高山上也有湖泊，它们大多数是在
dì qiào gòu zào huódòngxiàn luò de jī chǔshàng yòu jiā shàngbīngchuānhuódòng
地壳构造活动陷落的基础上，又加上冰川活动
de yǐngxiǎngzàochéng de bīngchuānxiàng yī bǎ tiě lí zài dì shangpáo shí
的影响造成的。冰川像一把铁犁在地上刨蚀，
wā chéng yī gè gè jī shuǐ de wā
挖成一个个积水的洼
dì hòu lái qì hòuzhuǎnnuǎn bīng
地；后来气候转暖，冰
chuānrónghuà yú shì bīngxuěróngshuǐ
川融化，于是冰雪融水
zhù rù wā dì jiù chéng le hú pō
注入洼地，就成了湖泊。

冰雪融水形成湖泊

sǐ hǎi shì hǎi hái shì hú
死海是海还是湖？

sǐ hǎi wèi yú yǐ sè liè yuē dàn hé bā lè sī tǎn zhī jiān shì
死海位于以色列、约旦和巴勒斯坦之间，是
shì jiè shangyán dù zuì gāo de tiān rán shuǐ tǐ zhī yī suī ránmíng zi zhōng
世界上盐度最高的天然水体之一，虽然名字中
yǒu gè hǎi zì qí shí tā shì yī gè hú pō
有个“海”字，其实它是一个湖泊。

高山湖泊

为什么湖水有咸有淡？

大多数湖泊的水都是由河水注入的。江河在流动的过程中，河水把所经过地区的岩石和土壤里的一些盐分溶解了。当江河流经湖泊时，又会把盐分带给湖泊。如果湖水又从另外的出口继续流出，盐分也会随之流出去，在这种水流非常畅通的湖中，盐分很难集中，所以形成了淡水湖。但有些湖泊没有通往河流或大海的通道，再加上气候干燥，会蒸发掉大量的水分，含盐量便愈来愈高，湖水就会愈来愈咸，成为咸水湖。

死海也是世界上最咸、最深的咸水湖。

为什么会有地下水？

wèi shén me huì yǒu dì xià shuǐ

dāng dì miàn yǐ xià tǔ céngzhōng de hán shuǐliàng dá dào bǎo hé hòu jiù huì xíngchéng dì xià shuǐ chángjiàn de jǐng shuǐ quánshuǐ dōu shǔ yú dì xià shuǐ dì xià shuǐ fēn bù guǎng fàn shuǐliàng yě jiào wěndìng shì gōngnóng yè hé shēnghuóyòngshuǐ de zhòngyào shuǐyuán zhī yī

当地面以下土层中的含水量达到饱和后就会形成地下水。常见的井水、泉水都属于地下水。地下水分布广泛，水量也较稳定，是工农业和生活用水的重要水源之一。

地下水分布示意图

地下水有哪些类型？

dì xià shuǐ yǒu nǎ xiē lèi xíng

àn qǐ yuán bù tóng kě jiāng dì xià shuǐ fēn wéi shèn rù shuǐ níng jié shuǐ chūshēngshuǐ hé máicángshuǐ àn kuànghuàchéng dù bù tóng kě fēn wéi dàn shuǐ wēi xiánshuǐ xiánshuǐ yán shuǐ lǔ shuǐ àn hán shuǐcéngxìng zhì fēn lèi kě fēn wéi kǒng xì shuǐ liè xì shuǐ yánróngshuǐ àn máicángtiáo jiàn bù tóng kě fēn wéi shàngcéng zhì shuǐ qiánshuǐ chéng yā shuǐ

按起源不同，可将地下水分为渗入水、凝结水、初生水和埋藏水。按矿化程度不同，可分为淡水、微咸水、咸水、盐水、卤水。按含水层性质分类，可分为孔隙水、裂隙水、岩溶水。按埋藏条件不同，可分为上层滞水、潜水、承压水。

什么是泉？

泉是地下水天然出露至地表的地点，不作高喷状的泉称为涌泉。它是在一定的地形、地质和水文地质条件的结合下产生的。

涌泉

地热喷泉是如何形成的？

地球的深处有炽热的岩浆，有的地方甚至高达数百摄氏度。地下水渗透到这里后，就好像是被放在火炉上一样，迅速被加热沸腾了，产生出大量的水蒸气。水蒸气越来越多，形成一股巨大的压力。当这股压力达到一定程度时，就会同地下水一起，从地面的裂缝中涌出地表，并喷到空中，形成了地热喷泉。

地热喷泉

jiān xiē quán wèi shén me huì shí tíng shí pēn
间歇泉为什么会时停时喷？

yīn wèi jiān xiē quán de tōng dào xiá zhǎi quán shuǐ bù néng shùn lì de shàng xià duì liú zhè yàng tōng dào xià mian de shuǐ zài bù duàn jiā rè de guò chéng zhōng jī xù néng liàng dāng tōng dào shàng bù shuǐ yā de yā lì xiǎo yú shuǐ zhù dǐ bù de zhēng qì yā lì shí tōng dào zhōng de shuǐ bèi dì xià gāo yā gāo wēn de rè qì hé rè shuǐ dǐng chū dì biǎo zào chéng qiáng dà de pēn fā pēn fā hòu yā lì jiǎn dī shuǐ wēn xià jiàng pēn fā yīn ér zàn tíng bìng kāi shǐ zài dì xià chóng xīn jī jù néng liàng rán hòu zài dù shòu rè pēn chū rú cǐ xún huán jiù chéng wéi jiān xiē quán le

因为间歇泉的通道狭窄，泉水不能顺利地上下对流。这样，通道下面的水在不断加热的过程中积蓄能量，当通道上部水压的压力小于水柱底部的蒸气压力时，通道中的水被地下高压、高温的热气和热水顶出地表，造成强大地喷发。喷发后，压力减低，水温下降，喷发因而暂停，并开始在地下重新积聚能量，然后再度受热、喷出，如此循环，就成为间歇泉了。

冰岛史托克地热喷泉

shān shì zěn yàng xíngchéng de
山是怎样形成的？

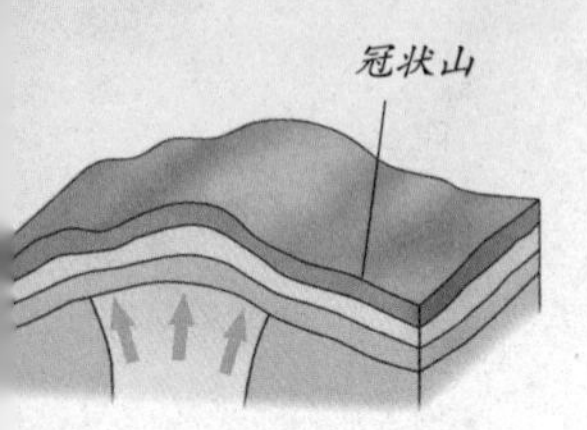

shānmài shì zàoshānyùndòng jǐ yā chū lái de dà yuē zài jǐ yì
山脉是造山运动挤压出来的。大约在几亿
nián yǐ qián dì qiú biǎomiàn de lù dì bìng méi yǒu lián zài yī qǐ fēn sàn
年以前，地球表面的陆地并没有连在一起，分散
de lù dì jīngchángpèngzhuàng jǐ yā yǒu xiē dì fangshòu lì shēnggāo xíng
的陆地经常碰撞挤压，有些地方受力升高，形
chéngshānmài
成山脉。

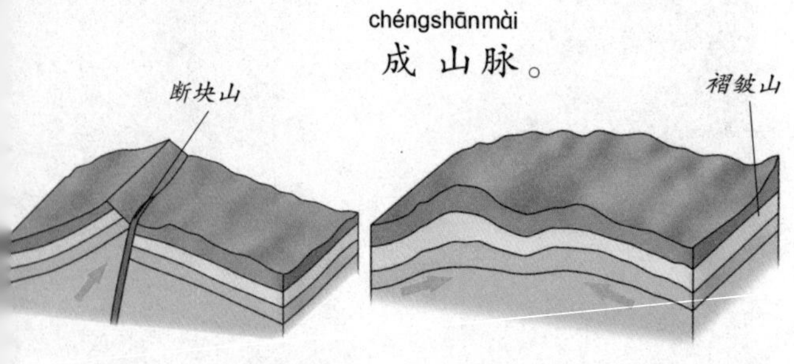

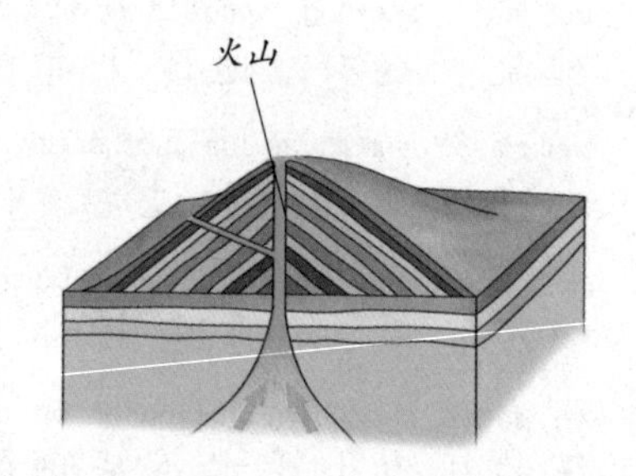

shén me shì shān mài hé shān xì
什么是山脉和山系？

shānmài shì yán yī dìngfāngxiàngyánshēn bāo kuò ruò gān tiáoshānlǐng hé shān gǔ de shān tǐ
山脉是沿一定方向延伸、包括若干条山岭和山谷的山体，
yīn qí xíngzhuàngchéngmàizhuàng fēn bù ér chēng zhī wéishānmài gòuchéngshānmài zhǔ tǐ de shān
因其形状呈脉状分布而称之为山脉。构成山脉主体的山
lǐngchēngwéi zhǔ mài cóngzhǔ mài yánshēnchū qù de shānlǐngchēngwéi zhī mài jǐ tiáoxiāng lín shān
岭称为主脉，从主脉延伸出去的山岭称为支脉，几条相邻山
mài jiù kě yǐ zǔ chéng yī gè shān xì
脉就可以组成一个山系。

维苏威火山

shān mài yǒu nǎ jǐ zhǒng

山脉有哪几种？

àn xíngchéng de fāng shì huà fēn dì qiú shangyǒu zhǒng bù tóng lèi
按形成的方式划分，地球上有4种不同类
xíng de shānmài zhězhòushānmài duàncéngshānmài huǒshānshānmài hé guān
型的山脉：褶皱山脉、断层山脉、火山山脉和冠
zhuàngshānmài xǐ mǎ lā yǎ shānmài ā ěr bēi sī shānmài jiù shǔ yú
状山脉。喜马拉雅山脉、阿尔卑斯山脉就属于
zhězhòushānmài dé guó de hā ěr cí shānmài shì duàncéngshānmài huǒ
褶皱山脉。德国的哈尔茨山脉是断层山脉。火
shānshānmài zài quán qiú fēn bù hěn duō rú wéi sū wēi huǒshān fù shì shān
山山脉在全球分布很多，如维苏威火山、富士山
děng guānzhuàngshānmài de dài biǎo yǒu měi guó de ā dí lǎng dá kè shānmài
等。冠状山脉的代表有美国的阿迪朗达克山脉。

高大的山脉

雅鲁藏布大峡谷

xiá gǔ shì zěn yàng xíngchéng de
峡谷是怎样形成的？

xiá gǔ zhǔ yào shì yóu yú gòu zào yùndòng dǎo zhì dì biǎo xùn sù lóng
峡谷主要是由于构造运动导致地表迅速隆
qǐ hé liú jù liè xià qiē ér xíngchéng de zài shān qū yóu yú dì biǎo
起、河流剧烈下切而形成的。在山区，由于地表
xié dù jiào dà hé shuǐ shuǐ liú tuān jí xǔ duō shā tǔ huì bèi shuǐ liú yī
斜度较大，河水水流湍急，许多沙、土会被水流一
qǐ dài zǒu qīn shí hé dǐ suí zhe hé dǐ yuè lái yuè shēn liǎng àn chéng
起带走，侵蚀河底。随着河底越来越深，两岸呈
xiàn jiē jìn chuí zhí de qiào bì xiá gǔ yě jiù yīn cǐ ér xíngchéng le
现接近垂直的峭壁，峡谷也就因此而形成了。

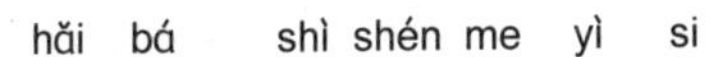

“海拔”是什么意思？

地理学意义上的海拔是指地面某个地点或者地理事物高出或者低于海平面的垂直距离，是海拔高度的简称。它与相对高度相对，计算海拔的参考基点是确认一个共同认可的海平面进行测算。

海拔是一个相对高度

岛屿是怎么形成的？

海洋中岛屿形成的原因有很多种。有的是由于地壳变化，使得它与原先的陆地分离，中间被海水隔开，从而形成了岛屿；有的是由于大陆上的一些大江带来的泥沙在进入海口后逐渐堆积形成的；有的是海底火山爆发或地震隆起，由岩浆喷射物的堆积或隆起部分形成的；有的是珊瑚虫堆积而成的。

岛屿是海洋、湖泊和河流中四面环水的陆地

为什么测量山的高度要以海平面为标准？

wèi shén me cè liáng shān de gāo dù yào yǐ hǎi píng miàn wéi biāo zhǔn

如果我们在大陆上任意取一点，来测量山的高度，那么不同的标准将会得出不同的结果，而且这个点的高度也可能由于风吹雨淋或地壳变动而变化。因此，人们想到了用海平面来作测量的起点。虽然海平面也会有变化，但是年平均海平面的位置却是大致不变的，而且全世界的海平面高度都相差不大，海洋又包围着所有大陆和岛屿，所以用海平面作为零点来测量高度，是最方便的方法。

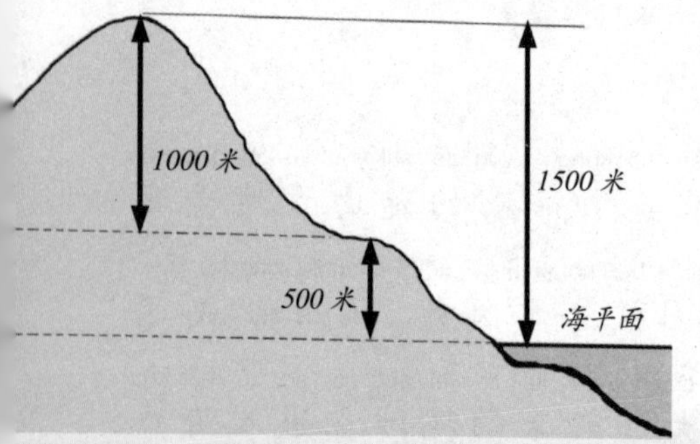

海拔和相对高度示意图

shén me shì gāo yuán
什么是高原？

青藏高原

比较完整的大面积隆起地区称为高原。高原的海拔高度一般在1000米以上，面积广大，地形开阔，周边以明显的陡坡为界。高原与平原的主要区别是海拔较高，与山地的区别是完整的大面积隆起。

wèi shén me shān fēngshang de jī xuě zhōngnián bù huà
为什么山峰上的积雪终年不化？

这是因为山越高，气温越低，到了一定的高度，气温就会降到0℃以下，这样高度的冰雪就会终年不化。而且由于山顶上堆满冰雪后，由于冰雪表面反射阳光的作用比较强，照射到这里的阳光，大多数光热都被反射回去，使这里气温更低，冰雪不容易融化。因此，在高度超过雪线的山顶上，就会终年积雪。

wèi shén me huáng tǔ gāo yuán yǒu hòu hòu de huáng tǔ
为什么黄土高原有厚厚的黄土？

yī xiē xué zhě rèn wéi huáng tǔ de lǎo jiā shì zài běi bù hé xī běi
一些学者认为，黄土的老家是在北部和西北

bù de gān sù níng xià nǎi zhì gèngyuǎn de méng gǔ zhōng yà nà lǐ
部的甘肃、宁夏，乃至更远的蒙古、中亚。那里

de yán shí bái tiānshòu rè péngzhàng yè wǎnlěng quèshōusuō mànmàn de bèi
的岩石白天受热膨胀，夜晚冷却收缩，慢慢地被

fēng huàchéng dà dà xiǎoxiǎo de shí kuài shā zi hé nián tǔ zài xī běi fēng
风化成大大小小的石块、沙子和黏土；在西北风

shèngxíng shí xī běi fēng xié dài zhe xì xiǎo de shā zi hé
盛行时，西北风携带着细小的沙子和

nián tǔ chuīxiàngdōngnán fāng zài yù dào gāosǒng
黏土，吹向东南方，在遇到高耸

de qín lǐngshānmài shí bèi zǔ dǎng de fēng shā biàn tíng
的秦岭山脉时被阻挡的风沙便停

jī zài guǎng dà huáng hé zhōngyóu dì qū tiāncháng
积在广大黄河中游地区，天长

rì jiǔ yuè jī yuè hòu zuì zhōngxíngchéng le jīn
日久，越积越厚，最终形成了今

tiān rú cǐ guǎng dà ér shēnhòu de huáng tǔ gāoyuán
天如此广大而深厚的黄土高原。

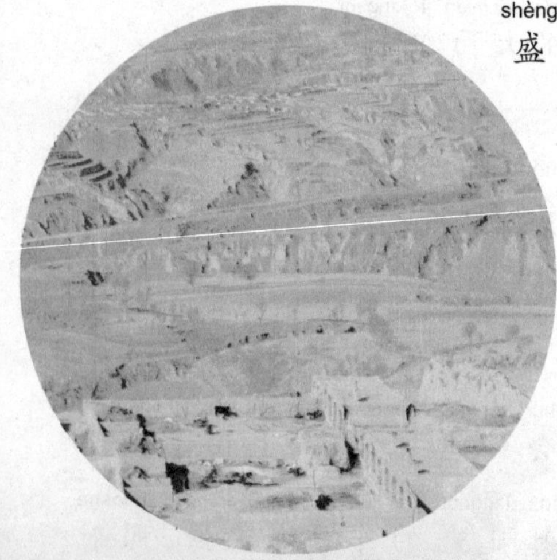

黄土高原沟多坡陡、地形起伏破碎的景观。

一望无际的平原

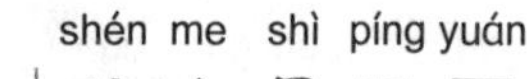

什么是平原？

píngyuán shì rén lèi shēnghuó de zuì zhǔ yào qū yù shì jiè lì shǐ
平原是人类生活的最主要区域，世界历史
shang de sì dà wénmíng gǔ guó dōu fā yuán yú dà hé
上的四大文明古国都发源于大河
fù jìn de píngyuán dì qū píngyuán shì lù
附近的平原地区。平原是陆
dì shang zuì píng tǎn de qū yù tā bù jǐn
地上最平坦的区域，它不仅
miàn jī guǎngkuò dì shì píng tǎn ér qiě tǔ
面积广阔，地势平坦，而且土
rǎng shí fēn féi wò fēi cháng shì hé zhòng zhí
壤十分肥沃，非常适合种植
liáng shí shū cài
粮食蔬菜。

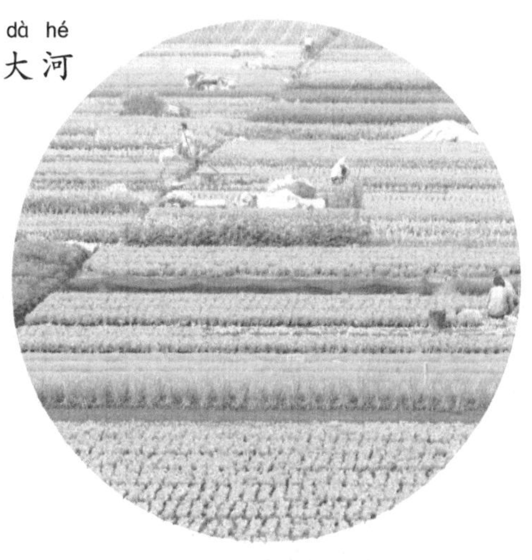

平原上有成片的农田

píng yuán dōu yǒu nǎ xiē lèi xíng
平原都有哪些类型？

píngyuán de lèi xíng jiào duō àn zhàoxíngchéngfāng shì kě yǐ fēn wéi gòu zào píngyuán duī
平原的类型较多，按照形成方式，可以分为构造平原、堆
jī píngyuán hé qīn shí píngyuánsānzhǒng gòu zào píngyuán shì yóu yú dì qiào de tái shēnghuò xià jiàng
积平原和侵蚀平原三种。构造平原是由于地壳的抬升或下降
xíngchéng de píngyuán duī jī píngyuán zé shìchén jī wù bù duàn duī jī xíngchéng de píngyuán ér
形成的平原；堆积平原则是沉积物不断堆积形成的平原；而
qīn shí píngyuán zé shì zài liú shuǐ fēng huàděng wài lì zuòyòng xià xíngchéng de píngyuán
侵蚀平原则是在流水、风化等外力作用下形成的平原。

wèi shén me shā mò dì qū zhòu yè wēn chā dà

为什么沙漠地区昼夜温差大？

zài shā mò dì qū bái tiān de wēn dù kě yǐ dá dào
在沙漠地区，白天的温度可以达到 50℃～
ér yè jiān yòu huì jiàng dào yǐ xià shā mò dì qū gān hàn quē
60℃，而夜间又会降到 0℃以下。沙漠地区干旱缺
shuǐ ér qiě shā zi de bǐ rè yào bǐ shuǐ de bǐ rè xiǎo de duō jí zài
水，而且沙子的比热要比水的比热小得多，即在
tóng yàng de rì zhào xià shā zi xī shōu rè liàng de sù dù bǐ fù hán shuǐ de
同样的日照下，沙子吸收热量的速度比富含水的
qū yù yào kuài de duō yǔ cǐ xiāng fǎn zài yè wǎn méi yǒu rì zhào
区域要快得多。与此相反，在夜晚没有日照
de qíng kuàng xià shā zi de rè liàng huì xùn sù shì fàng
的情况下，沙子的热量会迅速释放，
wēn dù yě suí zhī xùn sù xià jiàng cǐ wài shā mò
温度也随之迅速下降。此外，沙漠
qū yù méi yǒu zhí bèi zhōu wéi shí fēn kōng kuàng yáng
区域没有植被，周围十分空旷，阳
guāng zhào shè de qiáng dù huì gèng dà suǒ yǐ shā mò
光照射的强度会更大，所以沙漠
dì qū wēn chā dà
地区温差大。

沙漠白天温度较高

shén me shì pén dì
什么是盆地？

lù dì shang dì shì bǐ jiào píng tǎn sì zhōu bèi qún shān huán rào de
陆地上地势比较平坦，四周被群山环绕的
fēng bì shì pén zhuàng qū yù chēng wéi pén dì
封闭式盆状区域，称为盆地。

盆地就像一个安放在大地上的盆子，四周高，中间是一片平坦的洼地

shā mò shì zěn yàng xíng chéng de
沙漠是怎样形成的？

dà fēng chuī pǎo le dì miàn de ní shā shǐ dà dì luǒ lù chū yán shí
大风吹跑了地面的泥沙，使大地裸露出岩石
de wài ké chéng wéi huāng liáng de gē bì nà xiē bèi chuī pǎo de shā lì
的外壳，成为荒凉的戈壁。那些被吹跑的沙粒
zài fēng lì jiǎn ruò huò yù dào zhàng ài shí duī chéng xǔ duō shā qiū fù gài
在风力减弱或遇到障碍时堆成许多沙丘，覆盖
zài dì miàn shang jiù huì xíng chéng shā mò hái yǒu rén lèi de làn fá sēn
在地面上就会形成沙漠。还有，人类的滥伐森
lín pò huài cǎo yuán huò qí tā yuán yīn pò huài le gān hàn dì qū de shēng tài
林、破坏草原或其他原因破坏了干旱地区的生态
huán jìng děng yě shì shā mò xíng chéng de zhòng yào yuán yīn
环境等也是沙漠形成的重要原因。

wèi shén me shā mò zhōng yǒu xiē yán shí de xíng zhuàng xiàng mó gu
为什么沙漠中有些岩石的形状像蘑菇？

shā mò zhōng nà xiē mó gu zhuàng yán shí de xíng chéng yǔ shā mò zhōng
沙漠中那些蘑菇状岩石的形成与沙漠中
de dà fēng mì qiē xiāng guān shā mò zhōng de zǔ ài wù jiào shǎo yīn cǐ
的大风密切相关。沙漠中的阻碍物较少，因此
cháng cháng guā dà fēng jiào wéi cū zhòng de shā lì hěn
常常刮大风，较为粗重的沙粒很
nán bèi fēng chuī dé hěn gāo zhǐ néng zài dì
难被风吹得很高，只能在地
mian shàng fāng bù yuǎn chù huá guò dāng
面上方不远处划过。当
fēng dài zhe shā lì chuī guò shí yán shí
风带着沙粒吹过时，岩石
xià bù jīng guò dài yǒu dà liàng shā lì de
下部经过带有大量沙粒的
fēng de mó cā mó shí jiù bǐ jiào yán zhòng
风的摩擦，磨蚀就比较严重。
ér yán shí de shàng bù yīn wèi fēng dài lái de shā
而岩石的上部，因为风带来的沙
lì bǐ jiào shǎo mó shí bù tài yán zhòng tiān cháng rì jiǔ yán shí jiù xíng
粒比较少，磨蚀不太严重。天长日久，岩石就形
chéng shàng bù cū dà xià bù xì xiǎo de mó gu zhuàng le
成上部粗大、下部细小的蘑菇状了。

沙漠岩塔

含铁的沙漠被氧化后呈红色；含有石膏质的沙漠被氧化则呈现出白色等。

shā mò lǐ yǒu lǜ zhōu ma
沙漠里有绿洲吗？

shā mò lǜ zhōu dà dōu chū xiàn zài bèi kào gāoshān de shā
沙漠绿洲大都出现在背靠高山的沙
mòzhōng xià jì gāoshānshang de bīngxuě kāi shǐ rónghuà bìng
漠中。夏季，高山上的冰雪开始融化，并
shùnzheshān pō liú tǎng xíngchéng jì jié xìng hé liú hé shuǐ
顺着山坡流淌，形成季节性河流。河水
liú jīng shā mò shí biàn huì shèn rù shā zi xíngchéng dì xià shuǐ
流经沙漠时，便会渗入沙子形成地下水。
dì xià shuǐ huì hé hòu liú rù dào shā mò de dī wā dì dài shā
地下水汇合后流入到沙漠的低洼地带。沙
mòzhōng de dī wā dì dài yǒu le shuǐyuánhòu zhí wù jiù huì zài
漠中的低洼地带有了水源后，植物就会在
zhè lǐ jiàn jiànshēngzhǎng fán yǎn qǐ lái xíngchéngshā mò lǜ zhōu
这里渐渐生长繁衍起来，形成沙漠绿洲。

秘鲁的沙漠绿洲

wèi shén me shā zi yǒu gè zhǒng yán sè
为什么沙子有各种颜色？

shā mò bù zhǐ shì huáng sè de hái huì yǒu qí tā gè zhǒngyán sè rú hóng sè bái sè
沙漠不只是黄色的，还会有其他各种颜色，如红色、白色、
zǐ sè děng gè zhǒngyán sè zhè shì yīn wèi zhè xiē wǔ yán liù sè de shā zi shì yóu hán yǒu
紫色等各种颜色。这是因为这些五颜六色的沙子，是由含有
gè zhǒngyán sè kuàng wù zhì de yán shí fēnghuà ér xíngchéng de
各种颜色矿物质的岩石风化而形成的。

shén me shì shā chén bào

什么是沙尘暴？

沙尘暴

shāchénbào shì yī zhǒngfēng yǔ shāxiāng hù zuòyòng
沙尘暴是一种风与沙相互作用
de zāi hài xìng tiān qì xiànxiàng tā de xíngchéng yǔ sēn
的灾害性天气现象，它的形成与森
lín ruì jiǎn zhí bèi pò huàiděng yīn sù shì mì bù kě
林锐减、植被破坏等因素是密不可
fēn de
分的。

xīn yuè xíng shā qiū shì zěn me huí shì

新月形沙丘是怎么回事？

xīn yuè xíng shā qiū zuì chū zhǐ shì pǔ tōng de shā qiū zài fēng lì dá dào yī dìngchéng dù
新月形沙丘最初只是普通的沙丘，在风力达到一定程度
shí jiù huì dàidòng yī bù fen shā lì yǔ tā tóngxíng yù dào shā qiū hòu cóngshā qiū dǐng bù
时，就会带动一部分沙粒与它同行，遇到沙丘后，从沙丘顶部
yuè guò de fēng dài zǒu de shā lì bǐ jiàoshǎo ér nà xiē rào dàocóngshā qiū liǎng cè jīng guò de
越过的风带走的沙粒比较少，而那些绕道从沙丘两侧经过的
fēng què bǎ shā qiū liǎng cè de dà liàngshā lì dài zǒu zhèyànglián xù bù duàn de yùndòng shǐ
风，却把沙丘两侧的大量沙粒带走。这样连续不断地运动，使
shā qiū de zhōng bù dǐng zhe fēngchuī lái de nà miàn tū chū ér liǎng cè zé suí zhe fēngxiàngjiàn jiàn
沙丘的中部顶着风吹来的那面凸出，而两侧则随着风向渐渐
xiàngqiánmiànshēnchūliǎng gè jiā jiǎo xíngchéngyuè yá ér de xíngzhuàng
向前面伸出两个夹角，形成月牙儿的形状。

沙丘

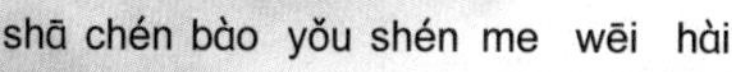

shā chén bào yǒu shén me wēi hài
沙尘暴有什么危害？

shāchénbào jí yǒu kě néng shǐ huànyǒu hū xī dào guò mǐn xìng
沙尘暴极有可能使患有呼吸道过敏性
jí bìng de rén qún jiù bìng fù fā jí shǐ shì shēn tǐ jiànkāng de
疾病的人群旧病复发。即使是身体健康的
rén rú guǒcháng shí jiān de xī rù fěnchén yě huì chū xiàn ké
人，如果长时间地吸入粉尘，也会出现咳
sòuděngduōzhǒng bù shì zhèngzhuàng dǎo zhì jí bìng de fā zuò
嗽等多种不适症 状，导致疾病的发作。

沙尘暴可能会引起咳嗽

shā qiū wèi shén me huì yí dòng
沙丘为什么会移动？

zài shā mò zhōng yóu yú shí tou zhí wù děngzhàng ài wù zǔ ài le qì liú shā zi zài
在沙漠中，由于石头、植物等障碍物阻碍了气流，沙子在
shùnfēng yī cè duī jī qǐ lái biànxíngchéng le shā qiū suí zhe shā qiū de zhú jiànzēng dà yù
顺风一侧堆积起来，便形成了沙丘。随着沙丘的逐渐增大，遇
dào guāfēng shā lì bèi chuīdòngxiàngshàng bìngyuè guò qiū fēng luò dào shā qiū de bèi fēng de yī
到刮风，沙粒被吹动向上，并越过丘峰，落到沙丘的背风的一
cè yóu yú zhè yī cè bǐ jiào dǒuqiào suǒ yǐ shā qiū jiù huì biàn de bù zài wěndìng dǐng bù de
侧，由于这一侧比较陡峭，所以沙丘就会变得不再稳定，顶部的
shā zi zuì zhōng huì cóngdǒu qiào de huámiànhuá xià yú shì shā qiū biànxiàngqián tuī jìn
沙子最终会从陡峭的滑面滑下，于是，沙丘便向前推进。

 什么是草原？

草原是指草丛高度1米左右的天然草地，是温带半干旱、半湿润环境下形成的旱生或半旱生草本植物占优势的一种植被类型。

草原

 为什么森林能够防风？

森林之所以能够防风，主要是因为森林中的大树根系都很发达，而且排列成行，形成网络，当大风刮来时，大树就会“手挽手”地组成一道道防护墙，挡住风的去路，使大风绕道而行。钻进林中的风也会遭到树枝和树叶的阻拦，风力减弱，风速变慢，因此说，森林是天然的“防风障”。

为什么森林能调节气温？

夏天，树木进行光合作用和蒸腾作用的速度比较快，能迅速将水分释放到空气中，水分的蒸发带走热量，森林里很快就凉快下来了；冬天，树木的光合作用和蒸腾作用都变慢了，热量很难散发出去，而且阳光直射进林间，也能使森林的温度升高，森林里就会比较暖和。森林还大量吸收二氧化碳，而二氧化碳又是气候变暖的主要因素，所以说，森林是大自然的“绿色空调”。

光合作用

森林对水流调节和巩固土壤起着重要作用

wèi shén me shuō rè dài yǔ lín shì bǎo guì de zī yuán

为什么说热带雨林是宝贵的资源？

rè dài yǔ lín nénggòu xī shōukōng qì zhōng dà liàng de èr yǎnghuà tàn
热带雨林能够吸收空气中大量的二氧化碳，
shì fàngchū dà liàng de yǎng qì duì quán qiú qì hòu jù yǒu jí dà de yǐngxiǎng
释放出大量的氧气，对全球气候具有极大的影响，
yīn ér rè dài yǔ lín yòu bèi yù wéi dì qiú zhī fèi tóng shí rè dài
因而热带雨林又被誉为“地球之肺”。同时，热带
yǔ lín hái shì dì qiú shangdòng wù zhǒng lèi zuì fēng fù de dì qū
雨林还是地球上动物种类最丰富的地区。

红树林

shuí bèi chēng zuò hǎi àn wèi shì

谁被称作“海岸卫士”？

shēngzhǎng yú hǎi lù jiāo jiè dì fang de hóngshù lín bèi chēngzuò hǎi
生长于海陆交界地方的红树林被称作“海
àn wèi shì yīn wèi tā men mì jí ér fā dá de gēn láo láo de zhā rù
岸卫士”，因为它们密集而发达的根牢牢地扎入
yū ní zhōngxíngchéngwěn gù de zhī jià shǐ hóngshù lín kě yǐ zài hǎi làng
淤泥中形成稳固的支架，使红树林可以在海浪
de chōng jī xià yì lì bù dòng rú tóng zài hǎi àn shangxíngchéng yī zuò lǜ
的冲击下屹立不动，如同在海岸上形成一座绿
sè chángchéng kě yǐ kàngfēng jù làng gù dī hù àn suǒ yǐ hóngshù lín
色长城，可以抗风拒浪、固堤护岸，所以红树林
bèi chēngzuò hǎi àn wèi shì
被称作“海岸卫士”。

zhǎo zé shì zěn me lái de
沼泽是怎么来的？

沼泽

zhǎo zé shì zhǐ dì biǎo shí fēn shī rùn huò
沼泽是指地表十分湿润或
zhě yǒu báocéng jī shuǐ tǔ rǎngshuǐ fèn jī hū
者有薄层积水、土壤水分几乎
dá dào bǎo hé bìng yǒu ní tàn duī jī de dì fang
达到饱和并有泥炭堆积的地方。
zhǎo zé de xíngchéng yǔ qí zhí bèi mì bù kě fēn
沼泽的形成与其植被密不可分，
zhǎo zé zhōngshēngzhǎngzhe dà liàng xǐ shuǐxìng de zhí
沼泽中生长着大量喜水性的植
wù yóu yú shuǐ duō zhǎo zé dì tǔ rǎng quēyǎng zài zhèzhǒngtiáo jiàn xià
物。由于水多，沼泽地土壤缺氧，在这种条件下，
zhí wù méi làn hòu fēn jiě huǎnmàn zhǐ chéngbàn fēn jiě zhuàng tài zuì zhōng
植物霉烂后分解缓慢，只呈半分解状态，最终
xíngchéng ní tàn zài jiā shàng ní shā de dà liàng duī jī biàn huì zhú jiàn yǎn
形成泥炭，再加上泥沙的大量堆积，便会逐渐演
biànchéngzhǎo zé
变成沼泽。

湿地里也有流动的河流。

shī dì hěn zhòng yào ma
湿地很重要吗？

shī dì shì zhòngyào de shēng tài xì tǒng tā guǎng fàn de
湿地是重要的生态系统，它广泛地
fēn bù zài shì jiè gè dì tā bù jǐn wèi rén lèi tí gōng dà
分布在世界各地，它不仅为人类提供大
liàng shí wù yuánliào hé shuǐ zī yuán ér qiě zài wéi chí shēng
量食物、原料和水资源，而且在维持生
tài pínghéng bǎo chí shēng wù duōyàngxìng yǐ jí hányǎng
态平衡、保持生物多样性以及涵养
shuǐyuán xù hóngfáng hàn tiáo jié qì hòuděngfāng
水源、蓄洪防旱、调节气候等方
miàn jūn qǐ dàozhòngyào zuòyòng
面均起到重要作用。

钟乳石

zhōng rǔ shí hé shí sǔn shì zěn me lái de
钟乳石和石笋是怎么来的？

róngyǒu tànsuānqīng gài de shuǐ rú guǒshòu rè huò yā qiángbiànxiǎo shí róng jiě zài shuǐzhōng de tàn suānqīng gài jiù huì fēn jiě ér chóng xīn zhuǎnhuà chéng bù róngxìng de tàn suān gài chén jī xià lai cóng ér xíngchéng yī gè xiǎo tū qǐ rán hòu zhú jiàn biàn dà bìngxiàng xià yánshēn jiǔ ér jiǔ zhī biànxíng chéng le zhōng rǔ shí ér dāngdòngdǐngshang de shuǐ dī luò xià lái shí lǐ miànsuǒ hán de tàn suān gài zài dì miànshang yī diǎndiǎn de chén jī qǐ lái jiù huì zhú jiàn xíngchéng yī gēn gēn sǔnzhuàng de shí sǔn

溶有碳酸氢钙的水如果受热或压强变小时，溶解在水中的碳酸氢钙就会分解而重新转化成不溶性的碳酸钙沉积下来，从而形成一个小突起，然后逐渐变大并向下延伸，久而久之，便形成了钟乳石。而当洞顶上的水滴落下来时，里面所含的碳酸钙在地面上一点点地沉积起来，就会逐渐形成一根根笋状的石笋。

溶洞

shén me shì tiān kēng
什么是天坑？

zài wǒ guó xī nán bù lián mián de qún shān zhī zhōng rén men cháng cháng huì fā xiàn dì biǎo lòu chū yī gè jù dà de kēng dòng kēng zhōu wéi de yá bì hǎo xiàng fǔ kǎn dāo xiāo yī bān dǒu zhí jué bì zhōng jiān wéi chéng de kēng dòng yóu rú yī zhāng dà zuǐ yī yàng duì zhe cāng tiān zhè zhǒng qí yì de zì rán jǐng guān mín jiān sú chēng tiān kēng

在我国西南部连绵的群山之中，人们常常会发现地表露出一个巨大的坑洞，坑周围的崖壁好像斧砍刀削一般陡直，绝壁中间围成的坑洞犹如一张大嘴一样对着苍天。这种奇异的自然景观，民间俗称“天坑”。

yán dòng shì rú hé xíng chéng de
岩洞是如何形成的？

yán dòng de xíng chéng yǔ tàn suān gài èr yǎng huà tàn hé shuǐ yǒu zhòng yào de guān xì xíng chéng yán dòng de dì xià yán shí zhǔ yào shì shí huī yán dāng tā yù dào róng yǒu èr yǎng huà tàn de shuǐ shí jiù huì shēng chéng kě róng xìng de tàn suān qīng gài róng jiě yú qí zhōng jīng guò cháng nián lèi yuè de róng jiě yī gè yán dòng jiù xíng chéng le suǒ yǐ zhè zhǒng yán dòng yòu jiào zuò róng dòng

岩洞的形成与碳酸钙、二氧化碳和水有重要的关系。形成岩洞的地下岩石主要是石灰岩，当它遇到溶有二氧化碳的水时，就会生成可溶性的碳酸氢钙，溶解于其中。经过长年累月的溶解，一个岩洞就形成了，所以这种岩洞又叫做“溶洞”。

为什么大理石有漂亮的花纹？

这是因为大理石是在海洋中孕育而成的，海底生活着大量的动植物，它们死后的遗骸。经过地壳变动被埋于地下，经过亿万年的地质变化，其他物质中的碳酸钙逐渐变成了白色的石灰岩，动植物遗骸则夹在岩石中，形成了黑色的灰质岩。两种颜色的岩石交错在一起，就会形成拥有漂亮花纹的大理石。

植物利用根吸收土壤中的水分。

为什么土壤会有各种颜色？

土壤不同的颜色是由各地不同的自然条件决定的。青土和白土是由本身仅含有单一颜色或相同色彩矿物的岩石风化后形成的。红土是因为高温多雨的环境中，土壤中的二氧化硅等物质被雨水带走，而呈红色的氧化铁和氧化铝却留了下来。有些地方的土壤中有大量的有机物质，有机物质腐烂积累，就形成了黑色的土壤。

wèi shén me hēi sè de tǔ rǎng zuì féi wò
为什么黑色的土壤最肥沃？

zài gè zhǒng yán sè de tǔ rǎng zhōng hēi sè de tǔ rǎng shì zuì wéi féi wò de zhè shì yīn wèi zài rén lèi wèi kāi fā qián zhè xiē dì fang shēng zhǎng zhe mào mì de cǎo yuán zhí wù zhè xiē zhí wù yòu yǐn lái le dà pī de dòng wù dòng zhí wù sǐ hòu tā men de yí tǐ bèi tǔ yǎn mái zhī hòu bèi xì jùn fēn jiě xíng chéng le fǔ zhí zhì fǔ zhí zhì hán yǒu fēng fù de yǒu jī huà hé wù néng shǐ tǔ rǎng biàn de féi wò yīn wèi fǔ zhí zhì shì hēi sè de hán yǒu dà liàng fǔ zhí zhì de tǔ rǎng yě jiù shì hēi sè le

在各种颜色的土壤中，黑色的土壤是最为肥沃的。这是因为在人类未开发前，这些地方生长着茂密的草原植物，这些植物又引来了大批的动物。动植物死后，它们的遗体被土掩埋，之后被细菌分解，形成了腐殖质，腐殖质含有丰富的有机化合物，能使土壤变得肥沃。因为腐殖质是黑色的，含有大量腐殖质的土壤也就是黑色了。

肥沃的黑色土壤

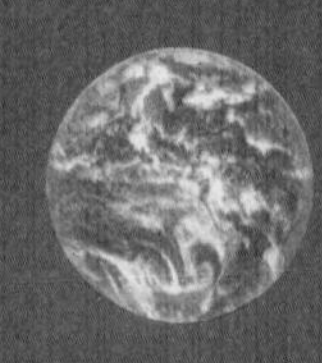

地球气象>>>

虽然人类的文明已经拥有几千年的历史，但人类真正认识地球也不过几百年的时间，地球上的四季更替、日出日落、万千气象一直是人类探索的话题。什么是经线和纬线？为什么热带雨林气候高温多雨？大气为什么被称为地球的“保护伞”？……

四季的时间为什么不一样长？

这是因为地球在绕太阳运行的时候，有时离得近，有时离得远，而且地球的运行速度受太阳引力的影响，有时慢，有时快，所以四季的时间就会不一样长。

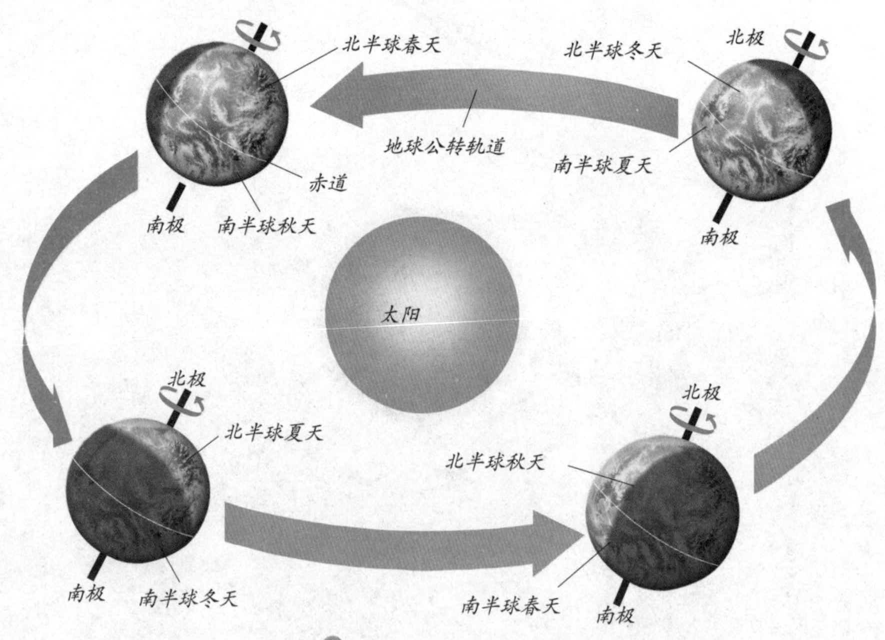

 地球公转才有了四季的变化。

南极和北极有四季变化吗？

南极和北极处在地球的两个端点，虽然有时也会有阳光照射，但对于这两个地方来说太阳高度都很小，阳光带去的热量非常少，因而地球的南、北极始终是寒冷的，没有四季的变化。

世界气温分布有什么特点？

气温受纬度、海陆分布、洋流、地形等诸多因素制约，但总体的分布规律是自赤道向两极递减。同纬度地区，夏季陆地气温高，海洋气温低；冬季陆地气温低，海洋气温高。同纬度高原、山地的气温比平原、低地的气温低。

海洋气温一般冬高夏低

为什么我国北方的春天特别短？

我国北方位于北温带，冬季的温度很低。但自1月份最冷的时期过后，太阳辐射逐渐加强，日照时间越来越长，温度逐步上升，天气也逐步变暖。到了3月份以后，地面温度迅速升高。北方各地一般在3～4月温度上升的幅度最大，降水却很少，空气干燥，地面吸收的热量迅速增多，因此不到两个月的时间，我国北方就开始进入了夏季。

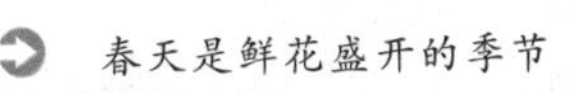

春天是鲜花盛开的季节

zhǐ běi zhēn wèi shén me zǒng shì zhǐ xiàng běi fāng
指北针为什么总是指向北方？

受地磁作用指北针静止时总是指向北方

yīn wèi dì qiú běnshēn jiù shì yī kuài dà cí tiě dì cí de nán jí
因为地球本身就是一块大磁铁，地磁的南极
zài dì lǐ de běi jí fù jìn dì cí de běi jí zài dì lǐ de
(S)在地理的北极附近，地磁的北极(N)在地理的
nán jí fù jìn zài yóu yú zhǐ běi zhēnshang de zhǐ zhēn shì zhī cí zhēn wéi
南极附近，再由于指北针上的指针是支磁针，为
běi jí yóu yú cí jí jù yǒu yì jí xiāng xī tóng jí xiāng chì de
北极(N)，由于磁极具有异极相吸，同极相斥的
tè xìng suǒ yǐ zhǐ běi zhēnshang de cí zhēn yǔ dì cí chǎngshang
特性，所以指北针上的磁针与地磁场上
de nán jí hù xiāng xī yǐn suǒ yǐ zhēn tóu nénggòu zhǐ xiàng
的南极(S)互相吸引，所以针头能够指向
cí chǎng de nán jí yě jiù shì dì lǐ shang de běi fāng
磁场的南极(S)，也就是地理上的北方。

shén me shì nán běi huí guī xián

什么是南北回归线？

nán huí guī xiàn shì zhǐ nán wěi de wěi xiàn tóngyàng běi huí guī xiàn zé shì zhǐ běi wěi de wěi xiàn nán běi huí guī xiàn shì tài yáng guāng de zhí shè diǎn néng yí dòng dào nán bàn qiú huò běi bàn qiú de zuì yuǎn jiè xiàn

南回归线是指南纬23°26′的纬线，同样，北回归线则是指北纬23°26′的纬线。南北回归线是太阳光的直射点能移动到南半球或北半球的最远界限。

北回归线

南回归线

shén me shì dì qiú yí

什么是地球仪？

wèi le biàn yú rèn shí dì qiú rén menfǎng zào dì qiú de xíngzhuàng àn zhào yī dìng de bǐ lì suō xiǎo jiù zhì zuò le dì qiú de mó xíng zhè jiù shì dì qiú yí zài dì qiú yí shang méi yǒu cháng dù miàn jī hé fāng xiàng xíngzhuàng de biànxíng suǒ yǐ cóng dì qiú yí shangguānchá gè zhǒngjǐng wù de xiāng hù guān xì shì zhěng tǐ jìn sì yú zhèngquè de

为了便于认识地球，人们仿造地球的形状，按照一定的比例缩小，就制作了地球的模型，这就是地球仪。在地球仪上没有长度、面积和方向、形状的变形，所以从地球仪上观察各种景物的相互关系是整体近似于正确的。

地球仪

shén me shì rì jiè xiàn
什么是日界线？
wèi shén me yào guī dìng rì jiè xiàn
为什么要规定“日界线”？

rì jiè xiàn yě jiào guó jì rì qī biàngēngxiàn dà zhì wèi yú
日界线也叫国际日期变更线，大致位于180°
jīng xiàn chù dàn rì jiè xiàn bìng bù wánquán yǔ jīng xiàn chóng hé tā
经线处。但日界线并不完全与180°经线重合，它
shì yī tiáo zhé xiàn yóu běi jí yán jīng xiàn zhé
是一条折线，由北极沿180°经线折
xiàng bái lìng hǎi xiá rào guò ā liú shēnqún dǎo
向白令海峡，绕过阿留申群岛
xī biān fěi jì tāng jiā děngqún dǎo zhī
西边、斐济、汤加等群岛之
jiān yóu xīn xī lán dōngbiān zài yán
间，由新西兰东边再沿180°
jīng xiàn zhí dào nán jí de yī tiáo xiàn rì
经线直到南极的一条线。日
jiè xiàn de shè zhì shì wèi le bì miǎn yī gè
界线的设置是为了避免一个
guó jiā cún zài liǎngzhǒng rì qī
国家存在两种日期。

太平洋

国际日期变更线

shì jiè shang zuì dōng yòu zuì xī de guó jiā shì nǎ ge
 世界上最东又最西的国家是哪个？

fěi jì dì kuàdōng xī bàn qiú jīng xiànguànchuān qí zhōng yīn ér chéngwéi shì jiè
斐济地跨东、西半球，180°经线贯穿其中，因而成为世界
shang jì shì zuì dōngyòu shì zuì xī de guó jiā gāi guó dì chù ào dà lì yà xià wēi yí
上既是最东又是最西的国家。该国地处澳大利亚—夏威夷—
běi měizhōu hé xīn xī lán lā dīng měizhōuliǎngtiáo hǎi kōngháng xiàn de jiāo huì diǎnshang shì xī
北美洲和新西兰—拉丁美洲两条海、空航线的交汇点上，是西
nán tài píngyáng jiāo tōng yùn shū de shū niǔ jù yǒuzhòngyào de zhàn lüè dì wèi
南太平洋交通运输的枢纽，具有重要的战略地位。

shí qū shì shén me tā shì zěn me huà fēn de

时区是什么，它是怎么划分的？

dì qiú zǒng shì zì xī xiàng dōng zì zhuàn de yīn cǐ dōng biān jiàn dào
地球总是自西向东自转的，因此东边见到
tài yáng zǒng shì bǐ xī biān zǎo dōng biān de shí jiān yě kuài yú xī biān zhè
太阳总是比西边早，东边的时间也快于西边，这
gěi rén men de rì cháng shēng huó hé gōng zuò
给人们的日常生活和工作
dōu dài lái le xǔ duō de bù biàn
都带来了许多的不便。
wèi le kè fú shí jiān shang de hùn luàn
为了克服时间上的混乱，
nián zài guó jì jīng dù huì yì
1884年在国际经度会议
shang jiāng quán qiú huà fēn wéi gè
上将全球划分为24个
shí qū měi gè shí qū héng kuà jīng dù
时区，每个时区横跨经度
dù shí jiān zhèng hǎo shì xiǎo shí
15度，时间正好是1小时。

时区划分

lí jīng xiàn zuì jìn de shǒu dū shì nǎ ge

离180°经线最近的首都是哪个？

sū wǎ shì fěi jì de zhèng zhì zhōng xīn hé fú zhuāng yè jī dì yě
苏瓦是斐济的政治中心和服装业基地，也
shì nán tài píng yáng zhù míng de tiān rán liáng gǎng tā shì lí jīng xiàn
是南太平洋著名的天然良港。它是离180°经线
zuì jìn de shǒu dū
最近的首都。

苏瓦市

乌斯怀亚

wèi yú dì qiú liǎng duān de chéng shì shì nǎ liǎng gè
位于地球两端的城市是哪两个？

wèi yú dì qiú zuì běi duān de chéng shì shì nuó wēi de lǎng yī ěr tā
位于地球最北端的城市是挪威的朗伊尔，它 wèi yú nuó wēi shǔ dì sī wǎ ěr bā qún dǎo de zuì dà dǎo sī pǐ cì
位于挪威属地斯瓦尔巴群岛的最大岛——斯匹次 bēi ěr gēn dǎoshang shì gāi qún dǎo de shǒu fǔ wèi yú běi jí quān nèi
卑尔根岛上，是该群岛的首府，位于北极圈内。 wèi yú dì qiú zuì nánduān de chéng shì shì wū sī huái yà tā shì ā gēn tíng
位于地球最南端的城市是乌斯怀亚，它是阿根廷 nán bù huǒ dì dǎo dì qū de shǒu fǔ xíngzhèngzhōng xīn
南部火地岛地区的首府、行政中心。

dì qiú shangshén me dì fang zuì lěng

地球上什么地方最冷？

南极是地球上最冷的地方

nán jí yǔ běi jí wèi yú dì qiú de liǎngduān
南极与北极位于地球的两端，
tài yángguāngxiàn shì xié shèxiàngliǎng jí de yīn cǐ
太阳光线是斜射向两极的，因此
liǎng jí huò dé de rè liàng shì zuì shǎo de dàn nán
两极获得的热量是最少的。但南
jí bǐ běi jí gēnglěng zhè shì yīn wèi nán jí dì qū
极比北极更冷，这是因为南极地区
shì yī kuài dà lù chǔ cún rè liàng de néng lì bǐ běi jí
是一块大陆，储存热量的能力比北极
ruò ér qiě nán jí zhōu shì qī dà zhōuzhōngpíng jūn hǎi bá zuì gāo de hǎi
弱，而且南极洲是七大洲中平均海拔最高的，海
bá yuè gāo qì wēn yuè dī yīn cǐ nán jí chéngwéi le dì qiú shang zuì lěng
拔越高气温越低，因此南极成为了地球上最冷
de dì fang
的地方。

dì qiú shangshén me dì fang zuì rè

地球上什么地方最热？

dì qiú shang zuì rè de dì fang shì fēi zhōu běi bù de sā hā lā dà shā mò zhè lǐ de
地球上最热的地方是非洲北部的撒哈拉大沙漠。这里的
niánpíng jūn qì wēn zài yǐ shàng yuè de píng jūn qì wēn zài zhī jiān
年平均气温在25℃以上，7月的平均气温在35℃～37℃之间。
zài sā hā lā dà shā mò fù dì bái tiān de wēn dù jìng rán kě yǐ dá dào yǐ shàng yīn
在撒哈拉大沙漠腹地，白天的温度竟然可以达到70℃以上，因
cǐ tā kě yǐ shuō shì dāng zhī wú kuì de shì jiè rè jí
此它可以说是当之无愧的“世界热极”。

撒哈拉大沙漠

dì xíng duì qì hòu yǒu nǎ xiē yǐng xiǎng
地形对气候有哪些影响？

dì xíng duì qì hòu jù yǒu hěn dà de yǐngxiǎng dì shì yuè gāo qì
地形对气候具有很大的影响，地势越高，气
wēn yuè dī dì shì píng jūn měishàngshēng mǐ qì wēn jiù huì xià jiàng
温越低，地势平均每上升1000米，气温就会下降
dì xíng hái huì duì jiàng yǔ liàng yǒu zhòngyào de yǐngxiǎng zài shān dì
6℃。地形还会对降雨量有重要的影响，在山地
yíngfēng pō chángcháng huì xíngchéng dì xíng yǔ jiàngshuǐliàng dà zhí bèi mào
迎风坡常常会形成地形雨，降水量大，植被茂
shèng ér zài shān dì bèi fēng pō zé xíngchéng yǔ yǐng qū jiàngshuǐliàngshǎo
盛，而在山地背风坡则形成雨影区，降水量少，
zhí bèi xī shū
植被稀疏。

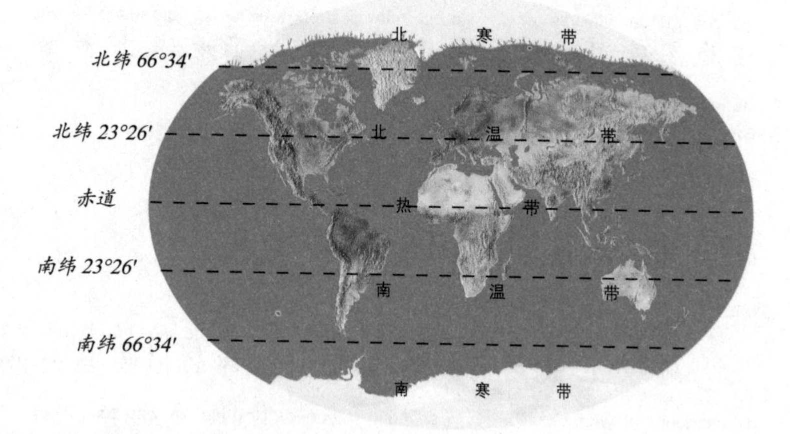

wèi shén me dì qiú shang huì yǒu qì hòu dài
为什么地球上会有气候带？

dì qiú shang de qì hòu duōzhǒngduōyàng jī hū zhǎo bù dào qì hòu wánquánxiāngtóng de dì
地球上的气候多种多样，几乎找不到气候完全相同的地
fang rán ér qì hòu de fēn bù què jù yǒumíngxiǎn de guī lǜ xìng huò dì dài xìng tè bié shì
方。然而，气候的分布却具有明显的规律性或地带性，特别是
zài dì shì bǐ jiào píng tǎn de hǎi yáng huò píngyuán dì dài xìng gèng wéi míngxiǎn jù cǐ rén men
在地势比较平坦的海洋或平原，地带性更为明显。据此，人们
jiāng dì qiú dà zhì huà fēn wéi rè dài wēn dài hé hán dài
将地球大致划分为热带、温带和寒带。

shén me shì jì fēng

什么是季风？

jì fēng shì yī zhǒng jì jié xìng de fēng zài yī niánzhōng yóu yú qí
季风是一种季节性的风，在一年中，由于其
fēngxiàng suí jì jié yǒu guī lǜ de gǎi biàn suǒ yǐ chēngwéi jì fēng jì
风向随季节有规律的改变，所以称为季风。季
fēng huódòng fàn wéi hěnguǎng tā yǐng
风活动范围很广，它影
xiǎngzhe dì qiú shang de miàn jī
响着地球上1/4的面积
hé rén kǒu de shēnghuó hǎi
和1/2人口的生活。海
lù fēn bù dà qì huán liú
陆分布、大气环流、
dì xíng děng yīn sù shì xíng
地形等因素是形
chéng jì fēng de zhòng yào
成季风的重要
yuán yīn
原因。

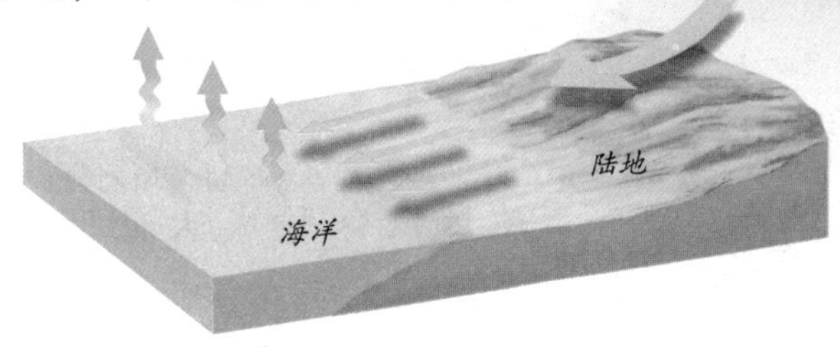

冬季季风示意图

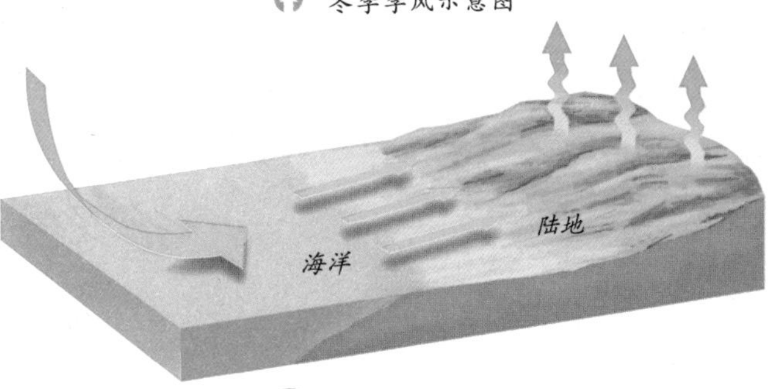

夏季季风示意图

dì qiú shang nǎ xiē dì qū zhǔ yào yǒu jì fēng de huó dòng

地球上哪些地区主要有季风的活动？

nán yà dōng yà fēi zhōuzhōng bù
南亚、东亚、非洲中部、
běi měidōngnán bù nán měi bā xī dōng bù
北美东南部、南美巴西东部
hé ào dà lì yà běi bù dōu shì jì fēng
和澳大利亚北部，都是季风
huódòngmíngxiǎn de dì qū yóu yǐ yìn dù
活动明显的地区，尤以印度
jì fēng hé dōng yà jì fēng zuì wéi xiǎn zhù
季风和东亚季风最为显著。

印度季风造成的暴雨

为什么热带雨林气候高温多雨？

wèi shén me rè dài yǔ lín qì hòu gāo wēn duō yǔ

这是因为热带雨林气候主要分布于赤道附近，赤道地区全年高温，向上蒸发水量大，水汽大量聚集便会成云致雨，因此，在每天午后这一地区便会形成大量降水，成为多雨区。

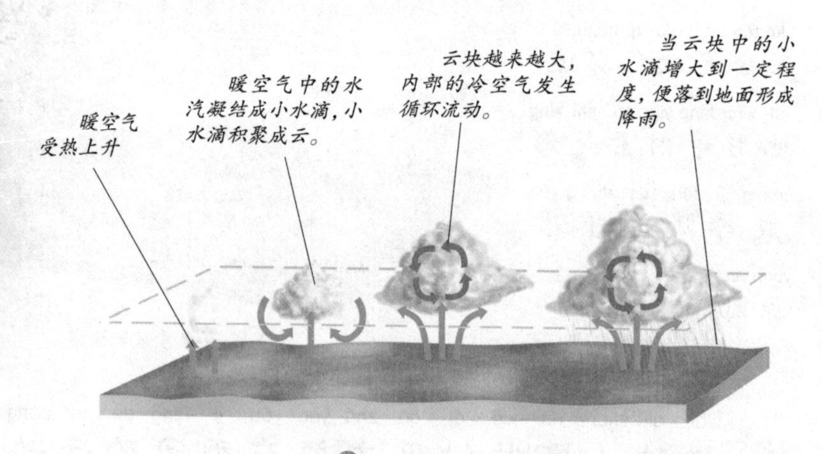

雨的形成过程示意图

什么是热带雨林气候？

shén me shì rè dài yǔ lín qì hòu

热带雨林气候是指赤道南北常年高温、潮湿和多雨的气候，这种气候常年高温，气温变化小，全年多雨，相对湿度大，全年都是夏天。

shén me shì rè dài jì fēng qì hòu

什么是热带季风气候？

rè dài jì fēng qì hòu wèi yú rè dài dì qū nà lǐ quánniáncháng
热带季风气候位于热带地区，那里全年长
xià wú dōng niánpíng jūn qì wēn zài yǐ shàng yà zhōu hé dà yángzhōu
夏无冬，年平均气温在20℃以上。亚洲和大洋洲
de dà bù fen dì qū dōu shǔ yú rè dài jì fēng qì hòu
的大部分地区都属于热带季风气候。
rè dài jì fēng qì hòu qū yóu yú yǒu gāo dà shān dì zǔ
热带季风气候区由于有高大山地阻
dǎnglěngkōng qì yīn cǐ dōng jì qì wēnxiāng duì jiào
挡冷空气，因此冬季气温相对较
gāo zài rè dài jì fēng qì hòu qū shèngxíngfēng de
高。在热带季风气候区，盛行风的
fēngxiàng yī nián huì zhuǎnhuànliǎng cì xíngchéng qì hòujiǒng
风向一年会转换两次，形成气候迥
yì de yǔ jì hé hàn jì
异的雨季和旱季。

热带季风气候区

dì zhōng hǎi shì qì hòu zhǔ yào fēn bù zài nǎ lǐ

地中海式气候主要分布在哪里？

dì zhōng hǎi shì qì hòu zhǔ yào fēn bù yú dì zhōng hǎi yán àn dì qū
地中海式气候主要分布于地中海沿岸地区。
cǐ wài měi guó de jiā lì fú ní yà zhōu nán fēi gòng hé guó de xī nán
此外，美国的加利福尼亚州、南非共和国的西南
bù yǐ jí zhì lì zhōng bù děng dì qū yě yǒushǎoliàng fēn bù
部以及智利中部等地区也有少量分布。

地中海沿海地区

森林

sēn lín qì hòu yǒu shén me tè diǎn
森林气候有什么特点？

sēn lín qì hòu de zhǔ yào tè diǎn shì tài yáng fú shè hé rì zhào shí
森林气候的主要特点是太阳辐射和日照时
jiān bǐ kōngkuàng dì qū shǎo sēn lín nèi qì hòu biàn huà hé huǎn nián píng jūn
间比空旷地区少，森林内气候变化和缓，年平均
qì wēn lüè dī yú kōngkuàng dì qū sēn lín nèi fēng sù xiǎo xiāng duì shī dù
气温略低于空旷地区，森林内风速小，相对湿度
hé jué dù shī dù bǐ kōngkuàng dì qū dà
和绝度湿度比空旷地区大。

秘鲁南部纳斯卡沙漠也属于荒漠气候区

shén me shì huāng mò qì hòu
什么是荒漠气候？

huāng mò qì hòu shì yī zhǒng yán rè gān zào de qì
荒漠气候是一种炎热干燥的气
hòu lèi xíng zhǔ yào fēn bù zài nán běi wěi
候类型，主要分布在南北纬15°～50°
zhī jiān de dì dài nèi zài huāng mò qì hòu de tiáo jiàn
之间的地带内。在荒漠气候的条件
xià mǒu xiē dì qū kōng qì gān zào zhōng nián shǎo yǔ huò
下，某些地区空气干燥，终年少雨或
wú yǔ qì wēn dì wēn rì jiào chā hé nián jiào chā dà
无雨。气温、地温日较差和年较差大。

wēn dài hǎi yáng xìng qì hòu zhōng nián wēn nuǎn cháo shī ma
温带海洋性气候终年温暖潮湿吗？

wēn dài hǎi yáng xìng qì hòu de tè zhēng shì wēn hé shī rùn xià jì wēn dù bù gāo dōng jì wēn dù bù dī nián jiào chā xiǎo zhè zhǒng qì hòu zài xī ōu zuì wéi diǎn xíng fēn bù miàn jī zuì dà

温带海洋性气候的特征是温和湿润、夏季温度不高，冬季温度不低，年较差小。这种气候在西欧最为典型，分布面积最大。

温带海洋性气候在西欧最为典型，新西兰等地也有分布。

shén me shì jí dì qì hòu
什么是极地气候？

jí dì qì hòu shì tái yuán qì hòu hé bīng yuán qì hòu de tǒng chēng tái yuán qì hòu zhǔ yào fēn bù zài yà ōu dà lù hé běi měi dà lù de běi bīng yáng yán àn cǐ qì hòu zhōng nián yán hán dōng jì màn cháng bái zhòu duǎn jiàng shuǐ shǎo jí dì bīng yuán qì hòu zhǔ yào fēn bù zài nán jí dà lù hé gé líng lán dǎo nèi bù zhè zhǒng qì hòu suǒ zài dì qū zhōng nián bèi bīng xuě fù gài quán nián fēi cháng yán hán suǒ yǐ yě jiào bīng mò qì hòu huò yǒng dòng qì hòu

极地气候是苔原气候和冰原气候的统称。苔原气候主要分布在亚欧大陆和北美大陆的北冰洋沿岸。此气候终年严寒，冬季漫长，白昼短，降水少。极地冰原气候主要分布在南极大陆和格陵兰岛内部，这种气候所在地区终年被冰雪覆盖，全年非常严寒，所以也叫冰漠气候或永冻气候。

极地苔原

dà qì zhōng dōu hán yǒu nǎ xiē wù zhì
大气中都含有哪些物质？

dì qiú dà qì shì yóu duō dá jǐ shí zhǒng qì tǐ zǔ chéng de rú
地球大气是由多达几十种气体组成的，如
dàn yǎng yà èr yǎnghuà tàn yī yǎnghuà èr dàn shuǐ qì yī yǎnghuà
氮、氧、氩、二氧化碳、一氧化二氮、水汽、一氧化
tàn èr yǎnghuà liú hé chòu
碳、二氧化硫和臭
yǎngděng cǐ wài dà qì
氧等。此外，大气
zhōng hái chángxuán fú yǒuchén
中还常悬浮有尘
āi yān lì yán lì shuǐ
埃、烟粒、盐粒、水
dī bīng jīng huā fěn xì
滴、冰晶、花粉、细
jùn děng wù zhì
菌等物质。

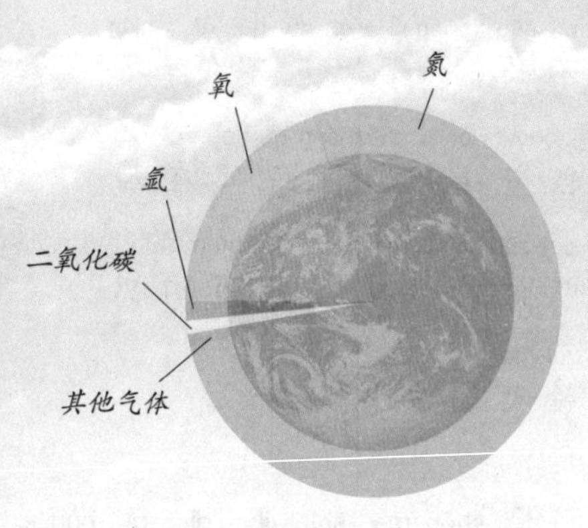

大气组成

dà qì céng de jié gòu shì zěn yàng de
大气层的结构是怎样的？

tōng guò rén zào wèi xīng rén men dé zhī dà qì céng yǒu
通过人造卫星，人们得知大气层有2000～
qiān mǐ hòu gēn jù dà qì de wēn dù mì dù děng wù lǐ xìng zhì
3000千米厚，根据大气的温度、密度等物理性质
zài chuí zhí fāng xiàng shang de
在垂直方向上的
chà yì dà qì céng kě yǐ
差异，大气层可以
fēn wéi wǔ céng bāo kuò duì
分为五层，包括：对
liú céng píng liú céng zhōng jiān
流层、平流层、中间
céng nuǎn céng hé sàn yì céng
层、暖层和散逸层。

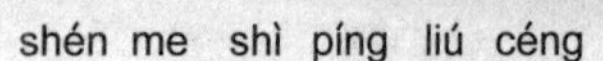

shén me shì píng liú céng
什么是平流层?

duì liú céng de shàngfāng bèi chēngwéi píng liú céng rén menchéngzuò de
对流层的上方被称为平流层,人们乘坐的
fēi jī jiù shì zài zhè lǐ fēi xíng de píng liú céng lǐ yǒu yī zhǒng qì liú
飞机就是在这里飞行的。平流层里有一种气流
jiào jí liú dà duō yóu xī wǎngdōngchuī zuì gāo shí sù kě dá
叫急流,大多由西往东吹,最高时速可达
qiān mǐ fēi jī fēi xíng shí cháng jiè zhù jí liú de tuī
483千米。飞机飞行时常借助急流的推
dòng lì
动力。

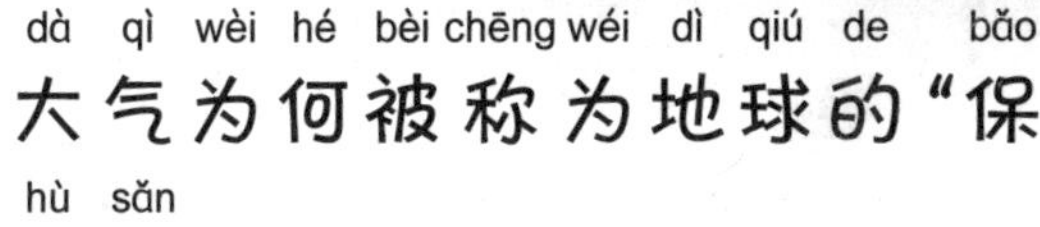

dà qì wèi hé bèi chēng wéi dì qiú de bǎo hù sǎn
大气为何被称为地球的“保护伞”?

zhī suǒ yǐ shuō dà qì céng shì dì qiú de bǎo hù
之所以说大气层是地球的保护
céng zhè shì yīn wèi tā shǐ dì qiú bì miǎn le xǔ duō lái
层,这是因为它使地球避免了许多来
zì tài kōng de shāng hài bǐ rú cóngxīng jì gāo sù
自太空的伤害。比如,从星际高速
chōngxiàng dì qiú de yǔn shí yīn wèi yǔ dà qì jù
冲向地球的陨石,因为与大气剧
liè mó cā ér jiǎn màn sù dù mó cā chǎnshēng de
烈摩擦而减慢速度,摩擦产生的
gāo rè hái huì shǐ jué dà bù fen yǔn shí zài
高热还会使绝大部分陨石在100
duō qiān mǐ de gāokōnghuà wéi huī chén hé qì tǐ
多千米的高空化为灰尘和气体,
cóng ér shǐ dì qiú huà xiǎn wéi yí
从而使地球化险为夷。

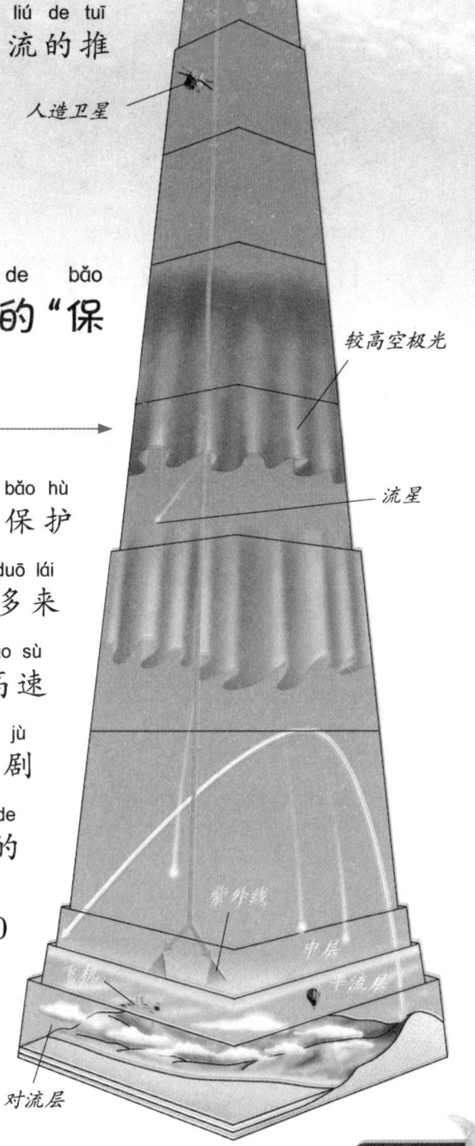

chòu yǎng céng duì rén lèi yǒu shén me hǎo chù
臭氧层对人类有什么好处?

chòu yǎng céng néng xī shōu tài yáng shè xiàng dì qiú de zǐ wài xiàn jiù xiàng shì dì qiú de zhē yáng sǎn yī yàng bǎo hù zhe dì qiú hé dì qiú shang de shēng wù miǎn shòu qiáng liè de zǐ wài xiàn de shāng hài

臭氧层能吸收太阳射向地球90%的紫外线,就像是地球的遮阳伞一样,保护着地球和地球上的生物免受强烈的紫外线的伤害。

臭氧层是地球上所有生物的保护伞。

shén me shì chòu yǎng céng
什么是臭氧层?

chòu yǎng céng wèi yú jù dì miàn qiān mǐ de dà qì céng zhōng shì píng liú céng zhōng chòu yǎng nóng dù xiāng duì jiào gāo de bù fen zhè yī qū yù zhōng fēn bù zhe yī zhǒng bèi chēng wéi chòu yǎng de qì tǐ rú guǒ bǎ dà qì zhōng suǒ yǒu de chòu yǎng jí zhōng zài yī qǐ jǐn jǐn yǒu lí mǐ hòu

臭氧层位于距地面20~50千米的大气层中,是平流层中臭氧浓度相对较高的部分。这一区域中分布着一种被称为臭氧的气体。如果把大气中所有的臭氧集中在一起,仅仅有3厘米厚。

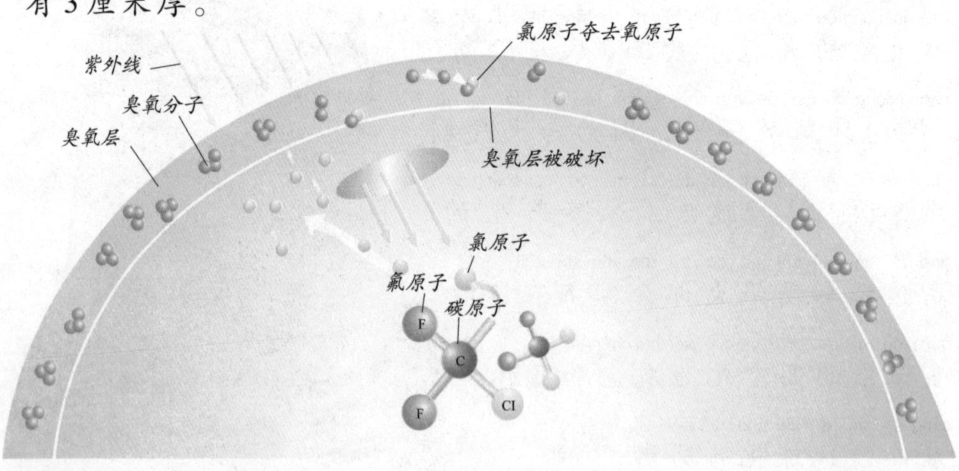

臭氧层示意图

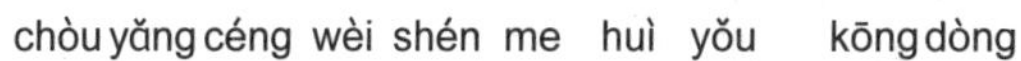

臭氧层为什么会有“空洞”？

许多科学家认为，随着现代工业的发展，特别是冷冻厂、电冰箱的迅速增加，制冷剂氟利昂的普遍使用，向大气中排放了大量的氯、氟、烃等污染物质，这种物质与紫外线作用产生氯离子，氯离子夺去了臭氧分子(O_3)中的一个氧原子，就使臭氧变成了纯氧(O_2)，因此，臭氧层就会产生“空洞”。

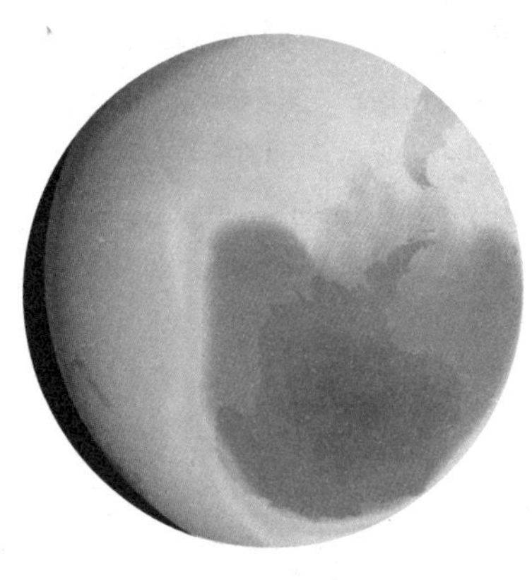

南极上空的臭氧层空洞面积已有2900千米了

太阳能发出强烈的紫外线，这些紫外线会对地球上的生物造成很大的伤害，不过大气中的保护伞阻挡了这些紫外线入侵，保护着地球上的植物和动物，它就是臭氧层。

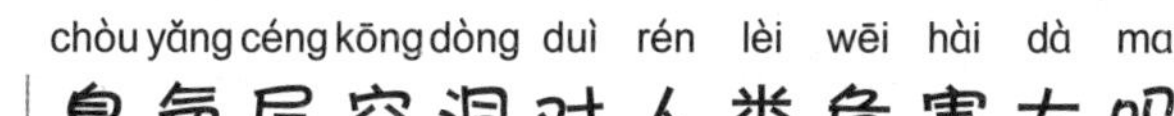

臭氧层空洞对人类危害大吗？

臭氧层空洞的出现，会使大量的紫外线照射到地球上，这会对地球上的生物造成十分严重的危害，尤其是对人类健康的影响，增加人们患皮肤癌和白内障的风险，此外，还会使许多疾病的发病率大大增加。

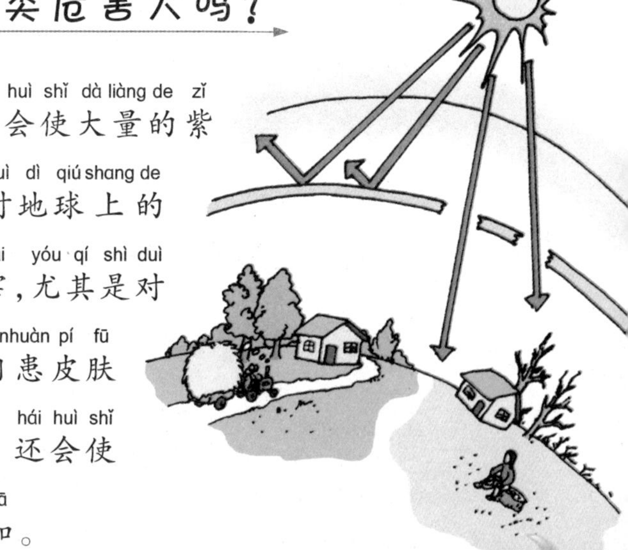

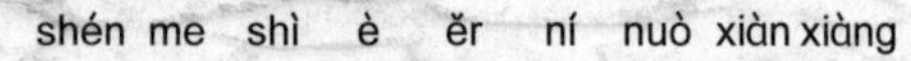

什么是厄尔尼诺现象？

从19世纪初期开始，秘鲁和厄瓜多尔海岸，每年从圣诞节起至第二年的3月份，都会发生季节性的沿岸海水水温升高的现象，3月份以后，暖流消失，水温逐渐变冷，当地称这种现象为厄尔尼诺现象。

近百年来，厄尔尼诺的发生使得南亚、东南非洲、南印度尼西亚和印度等地区雨量减少乃至连年干旱。

什么是拉尼娜现象？

拉尼娜现象是指赤道东太平洋海表水温异常降低的现象，正好与厄尔尼诺现象相反，所以也称反厄尔尼诺现象。拉尼娜现象多数是跟在厄尔尼诺现象之后出现的，出现拉尼娜现象的时候，很多的地区都会发生洪涝灾害，同时全球的气候也会发生混乱。

正常的大气环流
信风从东向西吹动
西太平洋海域水温升
深层海水涌到海面
反常的大气环流
东部信风减弱
暖水域从西向东移
暖水域形成

正常年份（上）与厄尔尼诺期间（下）

chì cháo shì zěn me lái de
赤潮是怎么来的？

chì cháo shì hǎi yáng zhōng mǒu yī zhǒng huò mǒu jǐ zhǒng fú yóu shēng wù zài yī dìng huán jìng tiáo jiàn xià bào fā xìng fán zhí huò gāo dù jù jí yǐn qǐ hǎi shuǐ biàn sè, yǐng xiǎng hé wēi hài qí tā hǎi yáng shēng wù zhèng cháng shēng cún de zāi hài xìng hǎi yáng shēng tài yì cháng xiàn xiàng。
赤潮是海洋中某一种或某几种浮游生物在一定环境条件下爆发性繁殖或高度聚集引起海水变色，影响和危害其他海洋生物正常生存的灾害性海洋生态异常现象。

有些人工养殖的海藻可以避免赤潮发生

gōng yè fèi shuǐ hé shēng huó wū shuǐ dà liàng pái rù hǎi yáng zhōng, shǐ hǎi shuǐ zhōng dàn、lín、tiě、měng děng yuán sù yǐ jí yǒu jī huà hé wù hán liàng dà dà de zēng jiā, yī xiē hǎi yáng shēng wù dà liàng fán zhí, zhè jiù shì xíng chéng chì cháo de zhǔ yào yuán yīn。
工业废水和生活污水大量排入海洋中，使海水中氮、磷、铁、锰等元素以及有机化合物含量大大地增加，一些海洋生物大量繁殖，这就是形成赤潮的主要原因。

渔民常把赤潮叫“臭水”，有些赤潮生物分泌出的黏液，会让鱼、虾等生物猝死。

wèi shén me huì xià suān yǔ

为什么会下酸雨？

suān yǔ jiù shì yǔ dī zhōng hán yǒu suān xìng wù zhì de yǔ méi
酸雨就是雨滴中含有酸性物质的雨。煤、
shí yóu huò zhě tiān rán qì zài rán shāo hòu chǎn shēng èr yǎng huà liú dàn yǎng
石油或者天然气在燃烧后产生二氧化硫、氮氧
huà hé wù děng xīn de huà xué wù zhì zhè xiē huà xué wù zhì pái fàng dào kōng
化合物等新的化学物质，这些化学物质排放到空
qì zhōng jiù huì xíng chéng gè zhǒng gè yàng de xiǎo suān dī děng dào xià yǔ
气中，就会形成各种各样的小酸滴。等到下雨
shí xiǎo suān dī huì yǔ yǔ shuǐ yī tóng luò xià lái jiù xíng chéng le suān yǔ
时，小酸滴会与雨水一同落下来，就形成了酸雨。

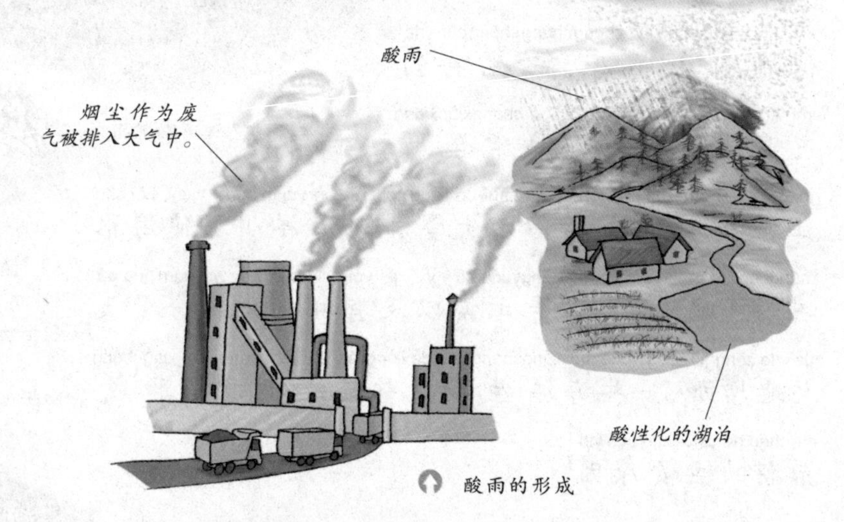

酸雨的形成

suān yǔ wèi shén me bèi chēng wéi kōng zhōng shā shǒu

酸雨为什么被称为“空中杀手”？

suān yǔ kě yǐ zhí jiē shǐ dà piàn sēn lín sǐ wáng nóng zuò
酸雨可以直接使大片森林死亡，农作
wù kū wěi yě huì yì zhì tǔ rǎng zhōng yǒu jī wù de fēn jiě hé
物枯萎；也会抑制土壤中有机物的分解和
dàn de gù dìng shǐ tǔ rǎng pín jí huà hái huì shǐ hú pō hé
氮的固定，使土壤贫瘠化；还会使湖泊、河
liú suān huà dú hài yú lèi
流酸化，毒害鱼类。

酸雨造成大量鱼类死亡。

shānbēng shì zěn me huí shì
山崩是怎么回事？

shānbēng shì yán tǐ shī qù pínghénghòu chéngkuàizhuàngyán xié pō tū
山崩是岩体失去平衡后，呈块状沿斜坡突
rán bēng luò de xiànxiàng zài yī xiē dì qū rén menxíngxiàng de chēng tā
然崩落的现象。在一些地区，人们形象地称它
wéi shānbāo pí shānbēng fā shēng shí shùnzheshān pō gǔn luò de dà
为“山剥皮”。山崩发生时，顺着山坡滚落的大
liàngshā tǔ hé shí kuài huì pò huàinóngtián fáng wū děng gěi rén men de
量沙土和石块，会破坏农田、房屋等，给人们的
shēngmìng cái chǎnzàochéngyánzhòng de sǔn hài shānbēngtōngcháng fā shēng
生命财产造成严重的损害。山崩通常发生
zài pō dù jiào dǒu de shān qū qiáng liè de dì zhèn yě huì yǐn fā shānbēng
在坡度较陡的山区。强烈的地震也会引发山崩，
tōngcháng qí guī mó jiào dà fàn wéi jiàoguǎng cǐ wài rén men zài shān pō
通常其规模较大，范围较广。此外，人们在山坡
xià miàn kāi wā suì dào cǎi kuàngděng yě huì yǐn qǐ shānbēng
下面开挖隧道、采矿等也会引起山崩。

山体滑坡

wèi shén me huì fā shēngshān tǐ huá pō
为什么会发生山体滑坡？

huá pō shì yī zhǒng xià huá xiànxiàng xié pō shàng
滑坡是一种下滑现象，斜坡上
de yán shí tǔ céngyán huádòngmiànzhěng tǐ xià huá
的岩石、土层沿滑动面整体下滑
jiù shì huá pō yǐngxiǎnghuá pō de yīn sù hěn
就是滑坡。影响滑坡的因素很
duō rú yán shí de xìng zhì gòu zào hái
多，如岩石的性质、构造，还
yǒu dì mào qì hòu dì xià shuǐ dì
有地貌、气候、地下水、地
zhèn hé rén wéi yīn sù dōu shì yǐng
震和人为因素都是影
xiǎnghuá pō de yīn sù
响滑坡的因素。

ní shí liú shì shén me tā yǒu nǎ xiē wēi hài
泥石流是什么，它有哪些危害？

ní shí liú shì yī zhǒng guǎng fàn fēn bù yú shì jiè gè guó yī xiē jù
泥石流是一种广泛分布于世界各国一些具
yǒu tè shū dì xíng dì mào dì qū de zì rán zāi hài ní shí liú dà duō
有特殊地形、地貌地区的自然灾害。泥石流大多
bàn suí shān hóng ér fā shēng yóu yú ní shí liú de hóng liú zhōng hán yǒu dà
伴随山洪而发生。由于泥石流的洪流中含有大
liàng de ní shā shí děng gù tǐ suì xiè wù suǒ yǐ gāo sù qián jìn zhōng jù
量的泥沙石等固体碎屑物，所以高速前进中具
yǒu qiáng dà de néng liàng huì zào chéng jí dà de pò huài rú pò huài fáng wū
有强大的能量，会造成极大的破坏，如破坏房屋
jí qí tā gōng chéng shè shī pò huài nóng zuò wù lín mù jí gēng dì zào chéng
及其他工程设施，破坏农作物、林木及耕地造成
rén xù shāng wáng cǐ wài ní shí liú yǒu shí yě huì yū sāi hé dào bù
人畜伤亡。此外，泥石流有时也会淤塞河道，不
dàn zǔ duàn háng yùn hái kě néng yǐn qǐ shuǐ zāi
但阻断航运，还可能引起水灾。

泥石流造交通阻断

wèi shén me huì fā shēng hóng shuǐ
为什么会发生洪水？

hóngshuǐ dà duō fā shēng zài jiàng yǔ liàng duō de shí hou
洪水大多发生在降雨量多的时候。dāng yǔ shuǐ guò duō shí hú pō jiù bù néng róng nà duō yú de shuǐ jiù chéng le hóngshuǐ de lái yuán hé liú hú pō hé shuǐ kù děng dì fang dōu yǒu kě néng fā shēng hóngshuǐ hú pō shuǐ wèi guò gāo hé liú fàn làn shuǐ kù kuì dī dōu yǒu kě néng dài lái hóngshuǐ
当雨水过多时，湖泊就不能容纳多余的水，就成了洪水的来源。河流、湖泊和水库等地方都有可能发生洪水，湖泊水位过高、河流泛滥、水库溃堤都有可能带来洪水。

洪水

hán cháo shì zěn me huí shì
寒潮是怎么回事？

háncháo shì běi fāng de lěngkōng qì dà guī mó de xiàngnán qīn xí zàochéng dà fàn wéi jí jù jiàngwēn hé dà fēng de tiān qì guòchéng wǒ guó qì xiàng bù mén guī dìng lěngkōng qì qīn rù zàochéng de jiàngwēn yī tiān nèi dá dào yǐ shàng ér qiě zuì dī qì wēn zài yǐ xià zé chēng cǐ lěngkōng qì bào fā guòchéng wéi yī cì háncháo guòchéng háncháo yī bān duō fā shēng zài qiū mò dōng jì chūchūn shí jié shì yī zhǒng zāi hài xìng tiān qì
寒潮是北方的冷空气大规模地向南侵袭，造成大范围急剧降温和大风的天气过程。我国气象部门规定：冷空气侵入造成的降温，一天内达到10℃以上，而且最低气温在5℃以下，则称此冷空气爆发过程为一次寒潮过程。寒潮一般多发生在秋末、冬季、初春时节，是一种灾害性天气。

寒潮造成的大面积降雪

为什么会发生地震？

wèi shén me huì fā shēng dì zhèn

由于地壳物质的不断运动，板块之间产生相对运动，或相互倾轧，或相向而行。当大板块相撞时，岩石层会产生巨大的能量。当能量一旦超过岩石所能承受的最大极限时，就会使岩石在一刹那间断裂，或者使原来已经存在的断裂突然活动，释放出大量的能量。一部分能量传到地表，就形成了地震。

yóu yú dì qiào wù zhì de bù duàn yùn dòng bǎn kuài zhī jiān chǎn shēng xiāng duì yùn dòng huò xiāng hù qīng yà huò xiāng xiàng ér xíng dāng dà bǎn kuài xiāng zhuàng shí yán shí céng huì chǎn shēng jù dà de néng liàng dāng néng liàng yī dàn chāo guò yán shí suǒ néng chéng shòu de zuì dà jí xiàn shí jiù huì shǐ yán shí zài yī chà nà jiān duàn liè huò zhě shǐ yuán lái yǐ jīng cún zài de duàn liè tū rán huó dòng shì fàng chū dà liàng de néng liàng yī bù fen néng liàng chuán dào dì biǎo jiù xíng chéng le dì zhèn

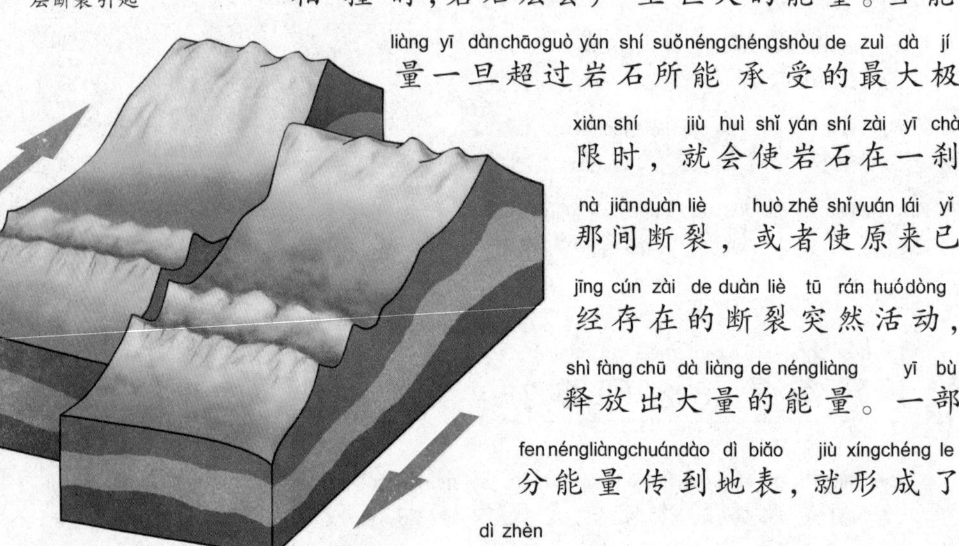

地震主要由岩层断裂引起

什么是地震震级？

shén me shì dì zhèn zhèn jí

地震震级是衡量地震大小的一种度量。每一次地震只有一个震级。它是根据地震时释放能量的多少来划分的，通常用字母“M”表示。震级可以通过地震仪器的记录计算出来，震级越高，释放的能量也越多。我国使用的震级标准是国际通用震级标准，叫“里氏震级”。

dì zhèn zhèn jí shì héng liàng dì zhèn dà xiǎo de yī zhǒng dù liàng měi yī cì dì zhèn zhǐ yǒu yī gè zhèn jí tā shì gēn jù dì zhèn shí shì fàng néng liàng de duō shǎo lái huà fēn de tōng cháng yòng zì mǔ biǎo shì zhèn jí kě yǐ tōng guò dì zhèn yí qì de jì lù jì suàn chū lái zhèn jí yuè gāo shì fàng de néng liàng yě yuè duō wǒ guó shǐ yòng de zhèn jí biāo zhǔn shì guó jì tōng yòng zhèn jí biāo zhǔn jiào lǐ shì zhèn jí

每年会发生多少次地震？

地球上天天都在发生地震，一年约有500万次，只不过绝大多数地震非常微弱，我们感觉不到。

地震形成的裂缝

海底会发生地震吗？

深深的海底也经常发生地震，据统计，全球80%的地震都集中在幽深的海底，特别是在太平洋周围海洋平均深度4000米以上的，在暗无天日的海沟里以及它附近群岛区的深渊中尤为多见。

海啸的形成

海啸形成的示意图

dì qiú shang yǒu jǐ dà dì zhèn dài
地球上有几大地震带?

wǒ men jiāng dì zhèn fā shēng bǐ jiào jí zhōng de dì dài chēng wéi dì zhèn dài dì qiú shang zhǔ yào yǒu sān gè dà de dì zhèn dài jí huán tài píng yáng dì zhèn dài ōu yà dì zhèn dài hé hǎi lǐng dì zhèn dài huán tài píng yáng dì zhèn dài jiù zài tài píng yáng zhōu wéi shì quán qiú dì zhèn zuì wéi duō fā de dì dài ōu yà dì zhèn dài kuà yuè le ōu yà fēi sān dà zhōu fēn bù guǎng fàn hǎi lǐng dì zhèn dài zhǔ yào fēn bù zài tài píng yáng dà xī yáng yìn dù yáng zhōng de hǎi dǐ shān mài

我们将地震发生比较集中的地带称为地震带。地球上主要有三个大的地震带，即环太平洋地震带、欧亚地震带和海岭地震带。环太平洋地震带就在太平洋周围，是全球地震最为多发的地带；欧亚地震带跨越了欧、亚、非三大洲，分布广泛；海岭地震带主要分布在太平洋、大西洋、印度洋中的海底山脉。

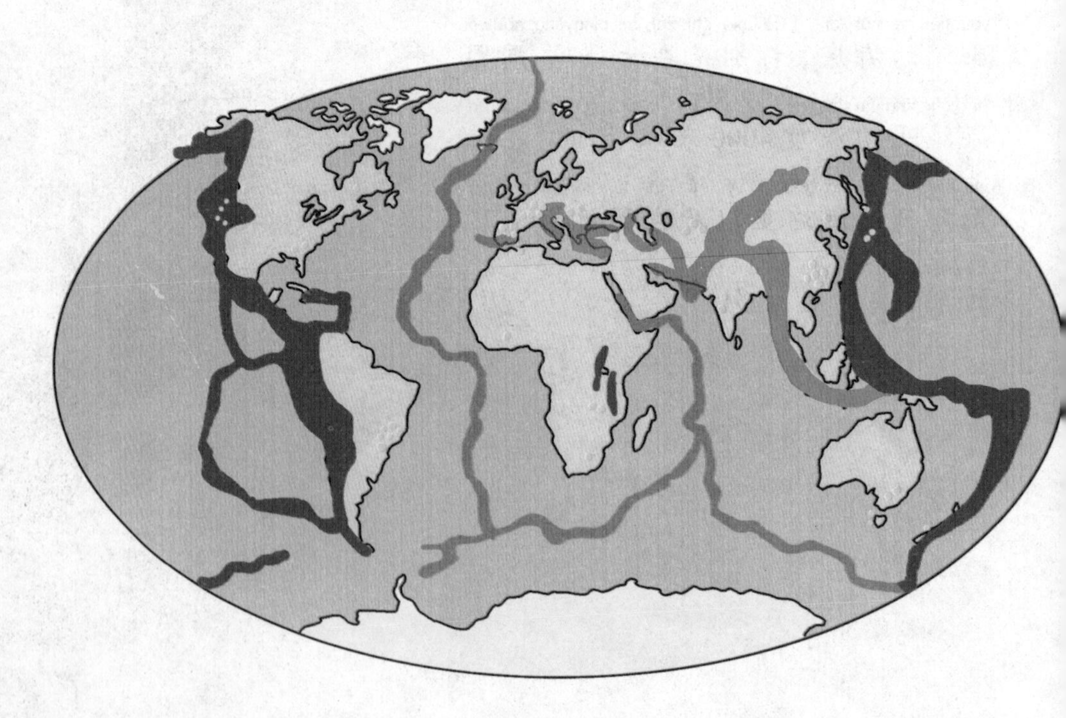

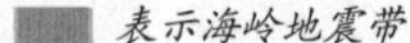

表示环太平洋地震带　表示海岭地震带　表示欧亚地震带

dì zhèn kě yǐ yù cè chū lái ma
地震可以预测出来吗？

dì zhèn huì gěi rén lèi de shēng chǎn shēng huó dài lái jù dà de wēi hài rén men cóng hěn zǎo jiù kāi shǐ nǔ lì xún zhǎo yù cè dì zhèn de fāng fǎ le xiàn zài dì zhèn xué jiā men lì yòng dì zhèn tǒng jì fǎ hé dì zhèn qián zhào fǎ lái yù cè dì zhèn dàn zhè liǎng zhǒng yù cè fāng fǎ hái bù shì shí fēn zhǔn què kē xué jiā men zhèng zài nǔ lì xún zhǎo xīn de fāng fǎ xī wàng yǒu yī tiān rén lèi kě yǐ xiàng yù bào tiān qì nà yàng zhǔn què dì yù bào dì zhèn

地震会给人类的生产生活带来巨大的危害，人们从很早就开始努力寻找预测地震的方法了。现在，地震学家们利用地震统计法和地震前兆法来预测地震。但这两种预测方法还不是十分准确，科学家们正在努力寻找新的方法。希望有一天，人类可以像预报天气那样准确地预报地震。

我国最早的地震探测仪器——地动仪

huǒ shān shì rú hé chǎn shēng de
火山是如何产生的？

zài dì qiú nèi bù chōng mǎn zhe chì rè de yán jiāng dāng yán jiāng shòu dào jù dà de yā lì shí jiù huì chōng pò dì qiào báo ruò de dì fang pēn yǒng ér chū xíng chéng huǒ shān huǒ shān pēn fā shì dì qiú nèi bù néng liàng shì fàng de yī zhǒng fāng shì yán jiāng cóng huǒ shān kǒu liú chū tóng shí dà liàng de qì tǐ hé chén āi bèi pēn fā dào kōng qì zhōng

在地球内部充满着炽热的岩浆，当岩浆受到巨大的压力时，就会冲破地壳薄弱的地方，喷涌而出，形成火山。火山喷发是地球内部能量释放的一种方式，岩浆从火山口流出，同时大量的气体和尘埃被喷发到空气中。

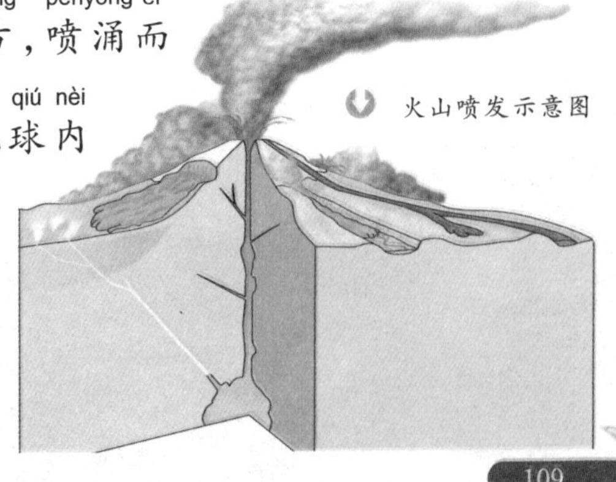

火山喷发示意图

huǒ shān pēn fā huì yǐng xiǎng qì hòu ma

火山喷发会影响气候吗？

huǒshānbào fā shí pēn chū de dà liànghuǒshān huī hé huǒshān qì tǐ

火山爆发时喷出的大量火山灰和火山气体，

duì qì hòu zàochéng jí dà de yǐngxiǎng yīn wèi zài zhèzhǒngqíngkuàng xià

对气候造成极大的影响。因为在这种情况下，

hūn àn de bái zhòu hé kuángfēng bào yǔ shèn zhì ní jiāng yǔ dōu huì kùn rǎo

昏暗的白昼和狂风暴雨，甚至泥浆雨都会困扰

dāng dì jū mínchángdá shù yuè zhī jiǔ huǒshān huī hé huǒshān qì tǐ bèi

当地居民长达数月之久。火山灰和火山气体被

pēn dào le gāokōngzhōng qù tā men jiù huì suí fēng sàn bù dào hěnyuǎn de

喷到了高空中去，它们就会随风散布到很远的

dì fang yīn ér shǐ yī xiē dì qū de tài yáng fú shèliàngjiǎnshǎo suǒ yǐ

地方，因而使一些地区的太阳辐射量减少。所以

zài huǒshānbào fā de niánzhōng dì qiú shang yī xiē dì qū de qì

在火山爆发的1～2年中，地球上一些地区的气

hòu yě huì chū xiànpiānlěng yóu qí shì zài xià jì tè bié míngxiǎn

候也会出现偏冷，尤其是在夏季特别明显。

火山爆发时喷出的大量火山灰和火山气体，对气候造成极大的影响。这些火山物质会遮住阳光，导致气温下降。在这种情况下，昏暗的白昼和狂风暴雨，甚至泥浆雨都会困扰当地居民长达数月之久。

huǒ shān pēn chū de qì tǐ néng shā rén ma

火山喷出的气体能杀人吗？

huǒshānpēn chū de qì tǐ céngjīng fā shēng
火山喷出的气体曾经发生
guò shǐ xǔ duō rén sǐ wáng de shì jiàn zhè shì yīn
过使许多人死亡的事件。这是因
wèi huǒshānpēn chū de qì tǐ lǐ hán yǒu qíng huà qīng
为火山喷出的气体里含有氰化氢
jí qí yǎn shēng wù rén yī dàn xī rù wēi liàng
及其衍生物。人一旦吸入微量
qíng huà qīng jiù huì hū xī shénjīng má bì quán
氰化氢，就会呼吸神经麻痹、全
shēn fá lì nǎi zhì zhì xī ér sǐ
身乏力，乃至窒息而死。

火山喷出的气体

zhǐ yǒu lù dì shang cái yǒu huǒ shān kǒu ma

只有陆地上才有火山口吗？

huǒshān shì dì qiú shang bǐ jiào chángjiàn de dì mào wǒ mentōngchángjiàn dào de huǒshāndōu
火山是地球上比较常见的地貌，我们通常见到的火山都
zài lù dì shang dàn bìng bù zhǐ shì lù dì shangyǒu huǒshān dà hǎi lǐ yě yǒu huǒshān huǒshān
在陆地上，但并不只是陆地上有火山，大海里也有火山。火山
cún zài de zhǔ yàoyuán yīn shì yīn wèi dì qiào xià yǒu huódòng de yánjiāng yánjiāngpēnyǒng ér chū
存在的主要原因，是因为地壳下有活动的岩浆，岩浆喷涌而出
xíngchénghuǒshānpēn fā ér hǎi dǐ xià miàn yě yǒu dà liàng de yánjiāng bìng qiě yǔ lù dì bǐ
形成火山喷发。而海底下面也有大量的岩浆，并且与陆地比
qǐ lái hǎi dǐ de dì qiào yào báo yī xiē yánjiānggèngróng yì pēn chū lái xíngchénghuǒshān
起来，海底的地壳要薄一些，岩浆更容易喷出来形成火山。

位于海洋中的火山

名胜探秘

大自然是最伟大的建筑师，它用自己神奇的力量塑造了地球上的地理奇观，这些名胜之地一直吸引着来自世界各地的目光。为什么亚马孙河被称为“河流之王”？人在死海为什么不会沉下去？火焰山真有熊熊燃烧的火焰吗？……

wèi shén me chēng yà mǎ sūn hé wéi shì jiè hé liú zhī wáng

为什么称亚马孙河为“世界河流之王”？

yà mǎ sūn hé zài zhù rù dà xī yáng shí yán tú jiē nà le
亚马孙河在注入大西洋时，沿途接纳了1000
duō tiáo zhī liú jù gū jì yà mǎ sūn hé hé shuǐ zhàn dì qiú biǎo miàn liú
多条支流。据估计，亚马孙河河水占地球表面流
dòng zǒng shuǐ liàng de tā měi nián zhù rù dà xī yáng de
动总水量的20%～25%。它每年注入大西洋的
shuǐ liàng xiāng dāng yú shì jiè hé liú zhù rù dà yáng zǒng shuǐ liàng de suǒ
水量相当于世界河流注入大洋总水量的1/6，所
yǐ shuō yà mǎ sūn hé shì shì jiè shang liú liàng zuì dà liú yù miàn jī zuì
以说，亚马孙河是世界上流量最大、流域面积最
guǎng de hé liú shì shì jiè hé liú zhī wáng
广的河流，是“世界河流之王”。

亚马孙河

ní luó hé wèi shén me huì biàn sè

尼罗河为什么会变色？

měi nián yuè shì ní luó hé de kū shuǐ qī hé shuǐ qīng chè cóng yuè kāi shǐ
每年2～5月是尼罗河的枯水期，河水清澈。从6月开始，
shàng yóu de bái ní luó hé dài zhe piāo fú de wěi cǎo yǔ gè zhǒng lǜ sè de shuǐ zǎo liú guò yú
上游的白尼罗河带着漂浮的苇草与各种绿色的水藻流过，于
shì hé shuǐ chéng lǜ sè dào le yuè ní luó hé jìn rù fàn làn qī dà liàng ní shā shǐ ní
是河水呈绿色。到了7月，尼罗河进入泛滥期，大量泥沙使尼
luó hé chéng hóng hè sè dào yuè fèn shí hé shuǐ zuì hóng ér zài yuè hòu ní luó hé
罗河呈红褐色。到9月份时，河水最红。而在11月后尼罗河
hé shuǐ jiǎn shǎo shuǐ wèi jiàng dī ní luó hé jiù yòu huí dào qīng chè jiàn dǐ de zhuàng tài
河水减少，水位降低，尼罗河就又回到清澈见底的状态。

恒河为什么被人们称为“圣河”？

恒河发源于喜马拉雅山南麓加姆尔的甘戈特力冰川，加姆尔在印度语中是“牛嘴”之意，而牛在印度被视为神灵，恒河则是从神灵——牛的嘴里流出来的圣洁清泉，所以印度教的教徒们认为，整个恒河都是“圣水”。印度教教徒们认为恒河的圣水能洗脱人一生的罪孽与病痛，使灵魂纯洁升天，所以，每年前往恒河沐浴的印度教教徒数以百万计，恒河也就被印度人民尊称为“圣河”。

在恒河中沐浴是许多印度人终身的夙愿。

长江是中国第一长河、世界第三长河，其长度仅次于尼罗河和亚马孙河。

wèi shén me chángjiāng bèi yù wéi huáng jīn shuǐ dào
为什么长江被誉为“黄金水道”？

chángjiāng shì wǒ guó zuì zhòngyào de nèi hé hángyùn dà dòngmài tā gōutōng zhe nèi lù hé yán hǎi de guǎng dà dì qū chángjiāngshuǐ xì yǒutōng háng hé dào yú tiáo tōnghángzǒng lǐ chéng wàn yú qiān mǐ zhàn quánguó nèi hé tōnghángzǒng lǐ chéng de zhòngqìng yǐ xià hé dào kě tōngxíng dūn jí chuán bó hàn kǒu yǐ xià hé dào kě tōngxíng dūn jí chuán bó nán jīng yǐ xià hé dào kě tōngxíng wàn dūn jí hǎi lún yīn cǐ chángjiāng bèi yù wéi huáng jīn shuǐ dào

长江是我国最重要的内河航运大动脉，它沟通着内陆和沿海的广大地区，长江水系有通航河道3600余条，通航总里程5.7万余千米，占全国内河通航总里程的52.6%。重庆以下河道可通行1500吨级船舶；汉口以下河道可通行5000吨级船舶；南京以下河道可通行万吨级海轮，因此，长江被誉为“黄金水道”。

繁忙的长江航运

 为什么黄河会成为“地上河”？

这是因为黄河流经的黄土高原地区缺少树木的保护，一到雨季，黄土就会随着雨水流入黄河，使黄河的含沙量猛增。黄河流到下游时，由于地面平坦，河水流速减小，携带泥沙的能力也减弱，泥沙便逐渐淤积下来，河床抬高，形成“地上河”。

黄河

 哪个湖泊被称作“北美大陆地中海”？

在加拿大和美国交界处，有闻名世界的五大淡水湖，湖区的面积和英国本土的面积差不多，是世界上最大的淡水湖群，素有“北美大陆地中海”之称。五大湖按大小分别为苏必利尔湖、休伦湖、密歇根湖、伊利湖和安大略湖。

密歇根湖

 为什么贝加尔湖中有海洋动物？

wèi shén me bèi jiā ěr hú zhōng yǒu hǎi yáng dòng wù

zhè shì yīn wèi bèi jiā ěr hú yǐ qián céng yǔ hǎi yáng xiāng lián hòu lái yóu yú dì qiào yùn dòng yǔ hǎi yáng fēn lí kāi lái chéng wéi le hú pō

这是因为贝加尔湖以前曾与海洋相连，后来由于地壳运动，与海洋分离开来，成为了湖泊。之后，周围众多的河流汇入湖泊，渐渐地冲淡湖水，使之成为淡水湖。原来生活在这里的海洋生物部分灭绝，另一部分则慢慢地适应了淡水环境，继续生存了下来。

贝加尔湖

芬兰的美丽湖泊

 “千湖之国”是指哪个国家？

qiān hú zhī guó shì zhǐ nǎ ge guó jiā

“千湖之国”是指位于欧洲北部的国家芬兰，由于冰川的作用，这里的冰碛湖星罗棋布，全境约有大小湖泊18.8万个，占全国面积的10%，因此享有“千湖之国”的美誉。

cháng bái shān tiān chí zhēn de shì tiān chí ma

长白山天池真的是“天”池吗？

cháng bái shān tiān chí wèi yú cháng bái shān zhǔ fēng huǒ shān zhuī tǐ de dǐng bù céng jīng shì huǒ shān de pēn huǒ kǒu zì qīng cháo qián lóng nián jiān yǐ hòu cháng bái shān kǒu jiù tíng zhǐ pēn huǒ yuán lái de pēn huǒ kǒu chéng le gāo shān hú pō yīn wèi tā de wèi zhì hěn gāo shuǐ miàn hǎi bá dá mǐ suǒ yǐ bèi chēng wéi tiān chí

长白山天池位于长白山主峰火山锥体的顶部，曾经是火山的喷火口。自清朝乾隆年间以后，长白山口就停止喷火，原来的喷火口成了高山湖泊。因为它的位置很高，水面海拔达2150米，所以被称为天池。

长白山天池是我国最深的湖泊

rén zài sǐ hǎi lǐ wèi shén me bù huì chén xià qù

人在死海里为什么不会沉下去？

sǐ hǎi shì shì jiè shang yán dù zuì gāo de tiān rán shuǐ tǐ zhī yī qí hǎi shuǐ hán yán liàng shì yī bān hǎi shuǐ hán yán liàng de bèi yě jiù shì yīn wèi sǐ hǎi de hán yán liàng fēi cháng gāo rèn hé rén diào rù sǐ hǎi dōu huì bèi hǎi shuǐ de fú lì tuō zhù suǒ yǐ rén jiù bù huì chén xià qù

死海是世界上盐度最高的天然水体之一，其海水含盐量是一般海水含盐量的6倍。也就是因为死海的含盐量非常高，任何人掉入死海，都会被海水的浮力托住，所以，人就不会沉下去。

死海

甘肃省敦煌月牙泉

月牙泉会干涸吗？

月牙泉位于我国甘肃省敦煌市西南5000米的地方，鸣沙山下，由于月牙泉地势低，渗流入地下的水不断向泉中补充，使之涓流不息，天旱不涸。另外，由于地势的关系，刮风时，鸣沙山上的沙子不往山下走，而是从山下往山上流动，所以月牙泉不会被沙子埋没。

济南趵突泉

我国的哪个城市被称为“泉城”？

我国山东省的济南市自古称泉城，全市范围内有泉水733处，其中仅市区趵突泉、黑虎泉、五龙潭、珍珠泉四大泉群就有泉136处，其中，趵突泉被誉为“天下第一泉”。

nǐ zhī dào shèng ān dé liè sī duàn céng ma

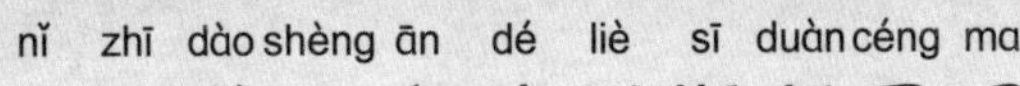

你知道圣安德烈斯断层吗？

shèng ān dé liè sī duàn céng shì tài píng yáng bǎn kuài yǔ měi zhōu bǎn kuài zhī jiān de duàn liè
圣安德烈斯断层是太平洋板块与美洲板块之间的断裂
xiàn rú tóng yī kuài shāng bā cóng běi xiàng nán guàn chuān měi guó jiā lì fú ní yà zhōu zài zhè
线，如同一块伤疤从北向南贯穿美国加利福尼亚州。在这
lǐ měi zhōu bǎn kuài zhèng zài xiàng běi yí dòng ér tài píng yáng bǎn kuài zé zhèng zài xiàng nán yí dòng
里，美洲板块正在向北移动，而太平洋板块则正在向南移动。
liǎng dà bǎn kuài yǐ měi nián yuē háo mǐ de sù dù xiāng hù cā huá ér guò
两大板块以每年约13毫米的速度相互擦滑而过。

dì qiú de shāng hén zhǐ de shì shén me

“地球的伤痕”指的是什么？

dōng fēi dà liè gǔ shì shì jiè shang zuì cháng de liè gǔ dài tā shì
东非大裂谷是世界上最长的裂谷带，它是
yóu yú wàn nián qián de dì qiào bǎn kuài yùn dòng fēi zhōu dōng bù dǐ céng
由于3000万年前的地壳板块运动，非洲东部底层
duàn liè xíng chéng de yīn cǐ bèi chēng wéi dì qiú de shāng hén tā de
断裂形成的，因此被称为“地球的伤痕”，它的
cháng dù xiāng dāng yú dì qiú zhōu cháng de
长度相当于地球周长的1/6。

东非大裂谷也是人类文明的发源地之一。

科罗拉多河与大峡谷

科罗拉多大峡谷在哪里呢？

kē luó lā duō dà xiá gǔ zài nǎ lǐ ne

科罗拉多大峡谷是举世闻名的自然奇观，位于美国西部亚利桑那州西北部的凯巴布高原上，居科罗拉多河的中游。大峡谷的岩石就像一幅地质画卷，呈现出各时代的地层。

kē luó lā duō dà xiá gǔ shì jǔ shì wénmíng de zì rán qí guān wèi yú měi guó xī bù yà lì sāng nà zhōu xī běi bù de kǎi bā bù gāoyuánshang jū kē luó lā duō hé de zhōngyóu dà xiá gǔ de yán shí jiù xiàng yī fú dì zhì huàjuǎn chéngxiàn chū gè shí dài de dì céng

雄奇壮观的科罗拉多大峡谷被赞为“美国真正的象征”。

死亡谷是怎么一回事？

sǐ wáng gǔ shì zěn me yī huí shì

在世界众多的死亡谷中，位于美国加利福尼亚州与内华达州相毗连的群山之中的死亡谷最为著名。这里的地势险恶，气候极端炎热干燥，误入此地的人很难生还，但这里却是动物的“天堂”，至今，科学家也不能解释其中的原因。

zài shì jiè zhòngduō de sǐ wáng gǔ zhōng wèi yú měi guó jiā lì fú ní yà zhōu yǔ nèi huá dá zhōuxiāng pí lián de qúnshān zhī zhōng de sǐ wáng gǔ zuì wéi zhùmíng zhè lǐ de dì shì xiǎn è qì hòu jí duānyán rè gān zào wù rù cǐ dì de rén hěn nánshēnghuán dàn zhè lǐ què shì dòng wù de tiān táng zhì jīn kē xué jiā yě bù néng jiě shì qí zhōng de yuán yīn

nǐ tīng shuō guò jiā nà lì qún dǎo ma
你听说过加那利群岛吗？

jiā nà lì qún dǎo shì dà xī yáng zhōng yóu qī dà huǒ shān dǎo yǔ zǔ chéng de qún dǎo, wèi yú fēi zhōu xī běi hǎi àn（mó luò gē hé xī sā hā lā）zhī wài, yǔ fēi zhōu zuì jìn jù lí yǒu 108 qiān mǐ。zhěng gè qún dǎo lì shǔ yú xī bān yá。

加那利群岛是大西洋中由七大火山岛屿组成的群岛，位于非洲西北海岸（摩洛哥和西撒哈拉）之外，与非洲最近距离有108千米。整个群岛隶属于西班牙。

西班牙著名的旅游胜地加那利群岛

jiā lā pà gē sī qún dǎo zhēn de hěn shén qí ma
加拉帕戈斯群岛真的很神奇吗？

jiā lā pà gē sī qún dǎo shì yī zuò shén qí de dǎo yǔ, zhè lǐ jì yǒu jí dì cái néng shēng cún de qǐ é、xìn tiān wēng、hǎi bào, yòu yǒu rè dài de dòng wù huǒ liè niǎo、tí hú děng。jù guī shì dǎo shang zuì qí tè de dòng wù, hái yǒu wén míng xiá ěr de shǐ qián pá xíng lèi dòng wù hǎi liè xī děng。

加拉帕戈斯群岛是一座神奇的岛屿，这里既有极地才能生存的企鹅、信天翁、海豹，又有热带的动物火烈鸟、鹈鹕等。巨龟是岛上最奇特的动物，还有闻名遐迩的史前爬行类动物海鬣蜥等。

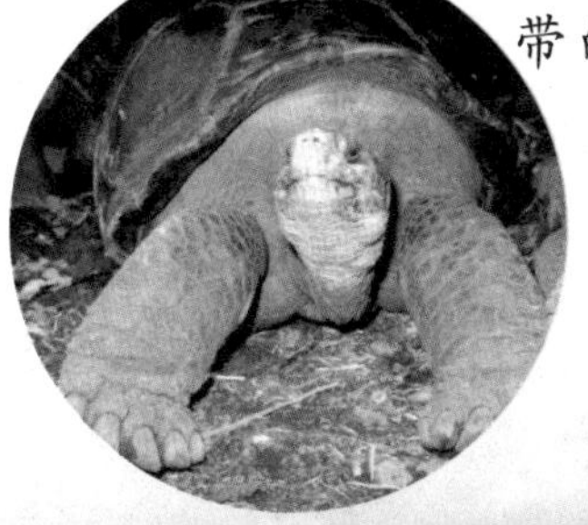

加拉帕戈斯群岛的巨龟

加拉帕戈斯群岛是当今世界上少有的奇花异草荟萃之所、珍禽异兽云集之地。

 世界上面积最大的平原是什么？

亚马孙河流经的亚马孙平原是世界上面积最大的平原，平原西宽东窄，地势低平坦荡，大部分在海拔150米左右。亚马孙平原西抵安第斯山麓，东滨大西洋，跨越巴西、秘鲁、哥伦比亚和玻利维亚四国领土，面积达560万平方千米。

 你知道我国的三大平原吗？

东北平原、华北平原、长江中下游平原是我国的三大平原。东北平原以肥沃的黑土著称，土壤肥沃，面积最大。华北平原又称黄淮海平原，是三条河流冲积形成的平原。长江中下游平原有“鱼米之乡”之称，面积最小。

华北平原

乞力马扎罗山

chì dao xuě fēng zhǐ de shì shén me
“赤道雪峰”指的是什么？

qǐ lì mǎ zhā luó shān shì fēi zhōu zuì gāo de shān mài wèi yú chì dào
乞力马扎罗山是非洲最高的山脉，位于赤道
fù jìn de tǎn sāng ní yà dōng běi bù zài chì dào fù jìn mào chū zhè yī
附近的坦桑尼亚东北部，在赤道附近“冒”出这一
jīng yíng de bīng xuě shì jiè shǐ qǐ lì mǎ zhā luó shān yǐ shén mì hé měi lì
晶莹的冰雪世界，使乞力马扎罗山以神秘和美丽
ér xiǎng yù shì jiè yīn cǐ tā yě bèi rén men chēng wéi chì dào xuě fēng
而享誉世界，因此，它也被人们称为“赤道雪峰”。

华山

wǒ guó de sān shān wǔ yuè zhǐ shén me
我国的“三山五岳”指什么？

wǒ guó sān shān wǔ yuè zhōng de sān shān
我国“三山五岳”中的“三山”
shì zhǐ ān huī de huáng shān jiāng xī de lú shān
是指安徽的黄山、江西的庐山、
zhè jiāng de yàn dàng shān wǔ yuè shì zhǐ shān
浙江的雁荡山，“五岳”是指山
dōng de tài shān dōng yuè shǎn xī de huá
东的泰山（东岳）、陕西的华
shān xī yuè hú nán de héng shān nán
山（西岳）、湖南的衡山（南
yuè shān xī de héng shān běi yuè
岳）、山西的恒山（北岳）、
hé nán de sōng shān zhōng yuè
河南的嵩山（中岳）。

 绿意盎然的刚果盆地

你知道世界上最大的盆地在哪里吗？

世界上最大的盆地是位于非洲中西部的刚果盆地，面积为337万平方千米，约相当于加拿大面积的1/3，赤道横贯中部。这里是非洲重要的农业区，盆地边缘蕴藏有丰富的矿产资源。

我国的四大盆地指的是什么？

我国的四大盆地指塔里木盆地、准噶尔盆地、柴达木盆地和四川盆地。塔里木盆地位于新疆南部，是我国最大的内陆盆地。准噶尔盆地位于新疆北部，柴达木盆地位于青海省西北部。四川盆地位于四川省东部，物产丰富，号称“天府之国”。

塔里木盆地美景

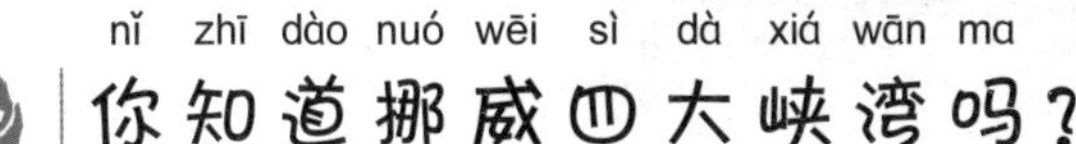

nǐ zhī dào nuó wēi sì dà xiá wān ma

你知道挪威四大峡湾吗？

nuó wēi shì ōu zhōu wěi dù zuì gāo de guó jiā
挪威是欧洲纬度最高的国家，
yǐ xiá wān ér wénmíng yǒu xiá wān guó jiā zhī
以峡湾而闻名，有“峡湾国家”之
chēng nuó wēi de sì dà xiá wān fēn bié shì sōng ēn xiá wān hā
称，挪威的四大峡湾分别是松恩峡湾、哈
dāng è ěr xiá wān gài lǎng è ěr xiá wān hé lǚ sè xiá wān qí zhōng
当厄尔峡湾、盖朗厄尔峡湾和吕瑟峡湾。其中，
sōng ēn xiá wān shì shì jiè shang zuì cháng zuì shēn de xiá
松恩峡湾是世界上最长、最深的峡
wān hā dāng è ěr xiá wān shì sì dà xiá wānzhōng
湾。哈当厄尔峡湾是四大峡湾中
zuì jù tiányuánfēngguāng de yī gè gài lǎng è ěr
最具田园风光的一个。盖朗厄尔
xiá wān zé yǐ pù bù zhòngduō ér zhùchēng
峡湾则以瀑布众多而著称。

挪威峡湾

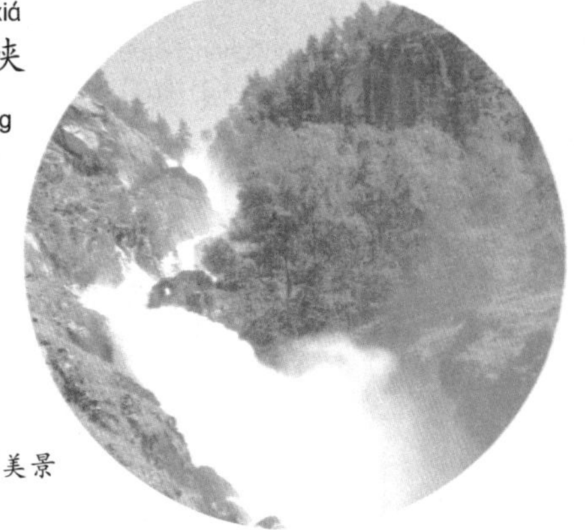
峡湾中迷人的瀑布美景

wèi shén me shuō qīng zàng gāo yuán shì shì jiè wū jǐ

为什么说青藏高原是“世界屋脊”？

qīngzànggāoyuánwèi yú yà zhōuzhōng bù wǒ guó xī nán shì shì jiè shang zuì gāo de gāo
青藏高原位于亚洲中部、我国西南，是世界上最高的高
yuán píng jūn hǎi bá gāo dù zài mǐ yǐ shàng yīn cǐ yǒu shì jiè wū jǐ hé dì sān
原，平均海拔高度在4000米以上，因此有“世界屋脊”和“第三
jí zhī chēng
极”之称。

青藏高原

nǐ tīng guò tǔ ěr qí de mián huā chéng bǎo ma

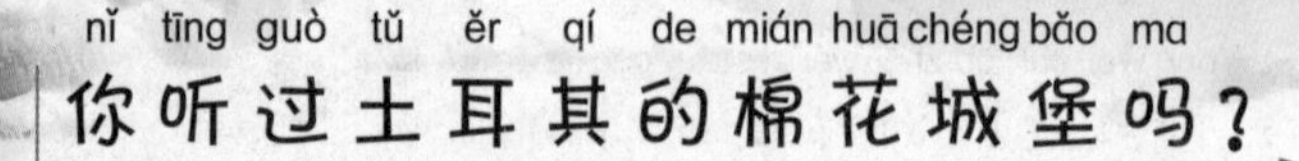
你听过土耳其的棉花城堡吗？

miánhuāchéngbǎo wèi yú tǔ ěr qí xī nán bù yīn wèi tā yóuzhěng
棉花城堡位于土耳其西南部，因为它由整
gè shān pō gòuchéng yī céngyòu yī céng xíngzhuàngxiàngchéngbǎo yán sè
个山坡构成，一层又一层，形状像城堡，颜色
yòu bái rú miánhuā yuǎnkàn jiù xiàngmiánhuātuán yī yàng suǒ yǐ dé míng mián
又白如棉花，远看就像棉花团一样，所以得名“棉
huāchéngbǎo
花城堡”。

土耳其棉花堡

bō làng yán shì zěn me lái de

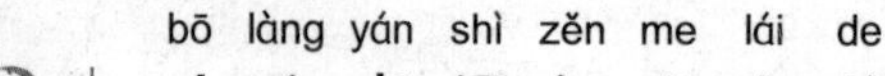
波浪岩是怎么来的？

bō làng yán wèi yú ào dà lì yà xī bù de gāoyuánshang tā de què
波浪岩位于澳大利亚西部的高原上，它的确
jiù xiàng yī piàn xí juǎn ér lái de bō tāo jù làng xiāngdāngzhuàngguān bō
就像一片席卷而来的波涛巨浪，相当壮观。波
làng yán shì yóu huāgāngyán shí suǒ gòuchéng de dà yuē zài
浪岩是由花岗岩石所构成的，大约在
yì niánqián xíngchéng jīng guò le rì jī yuè lěi
25亿年前形成，经过了日积月累
de fēng yǔ chōngshuā hé zǎo wǎn jù liè de wēn
的风雨冲刷和早晚剧烈的温
chā biàn huà jiàn jiàn xíngchéng le rú jīn de
差变化，渐渐形成了如今的
xíngzhuàng
形状。

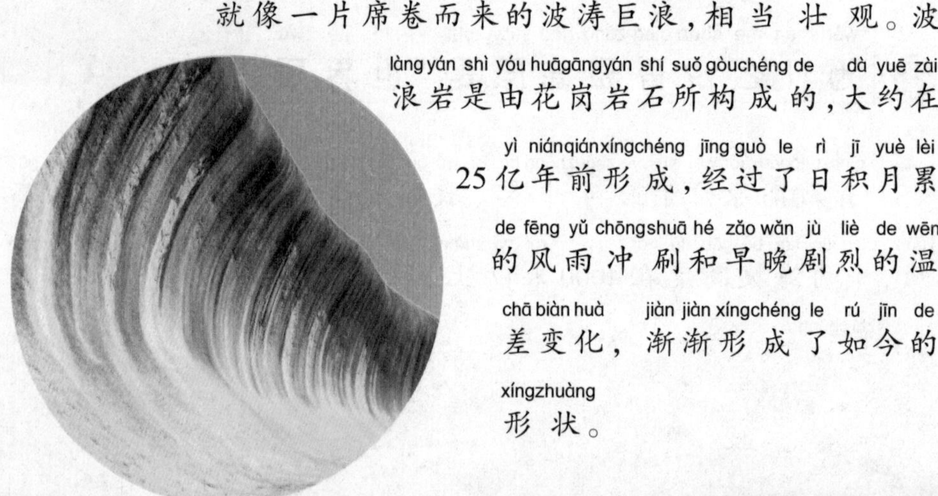

波浪岩的顶部弯曲呈弧形

艾尔斯岩会变换颜色吗？

关于艾尔斯岩变色的缘由，地质学家认为艾尔斯岩主要是由红色砾石组成，含铁量高，岩石表面的氧化物在一天中阳光的不同角度照射下，就会不断地变化颜色。

艾尔斯岩在日落时能呈现出火焰般的橙红色。

多佛尔的悬崖是白色的吗？

多佛尔是英国东南部一个闻名于世的海港城市，是大不列颠岛距欧洲大陆最近的地方。多佛尔的悬崖以白色而闻名，白色悬崖是由地球早期无数的微生物和富含碳酸钙的贝类死后沉入海底，再经过沉积作用、海水和风力的侵蚀作用逐渐形成。

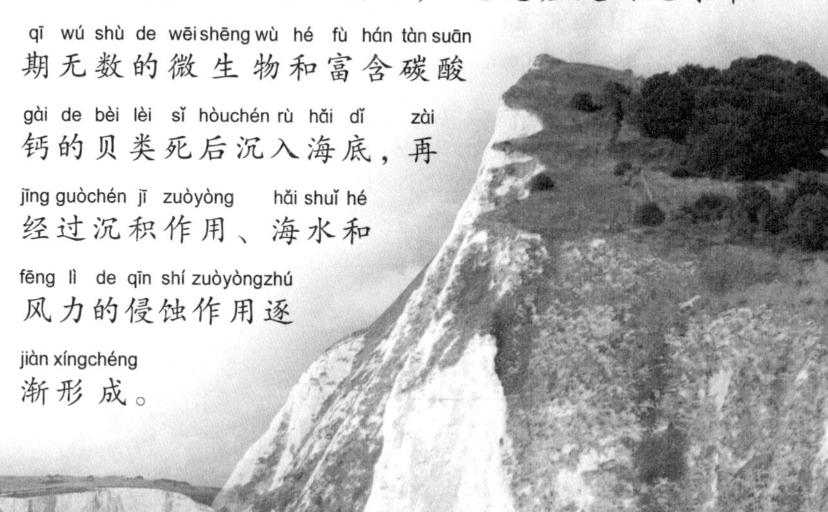

多佛尔的白色悬崖是英格兰的象征。

美丽迷人的桂林山水

wèi shén me shuō guì lín shān shuǐ jiǎ tiān xià
为什么说桂林山水甲天下？

guì lín wèi yú guǎng xī zhuàng zú zì zhì qū dōng běi bù dú tè de kā sī tè dì mào hé xiù měi de lí jiāng jí qí zhōu wéi měi lì mí rén de tián yuán fēng guāng róng wéi yī tǐ xíng chéng le dú jù yī gé chí míng zhōng wài de shān qīng shuǐ xiù dòng qí shí měi de shān shuǐ fēng guāng suǒ yǐ zì gǔ jiù yǒu le guì lín shān shuǐ jiǎ tiān xià de měi yù

桂林位于广西壮族自治区东北部，独特的喀斯特地貌和秀美的漓江及其周围美丽迷人的田园风光融为一体，形成了独具一格、驰名中外的“山青、水秀、洞奇、石美”的山水风光，所以，自古就有了“桂林山水甲天下”的美誉。

pān yá wān bèi chēng wéi xiǎo guì lín ma
攀牙湾被称为“小桂林”吗？

tài guó nán bù de pān yá wān shì yī chù fēng jǐng yōu měi de dì fang wān nèi sàn bù zhe xǔ duō dà xiǎo dǎo yǔ guài shí lín xún jǐng sè wàn qiān suǒ yǐ bèi chēng wéi tài guó de xiǎo guì lín

泰国南部的攀牙湾是一处风景优美的地方，湾内散布着许多大小岛屿，怪石嶙峋，景色万千，所以被称为泰国的“小桂林”。

人称“小桂林”的攀牙湾

wèi shén me shuō jiǔ zhài gōu shì rén jiān xiān jìng
为什么说九寨沟是“人间仙境”？

wǒ guó sì chuānshěng de jiǔ zhài gōu fēng jǐng qū zhī suǒ yǐ bèi chēng
我国四川省的九寨沟风景区之所以被称

wéi rén jiān xiān jìng shì yīn wèi zhè lǐ fēng jǐng xiù lì hún rán tiān chéng
为“人间仙境”是因为这里风景秀丽，浑然天成，

yǒu bì lán qīng chè de hú shuǐ fēi liú zhí xià de pù bù wǔ cǎi bīn fēn
有碧蓝清澈的湖水、飞流直下的瀑布、五彩缤纷

de sēn lín céng luán dié zhàng de xuě fēng zhì shēn jī zhōng fǎng fú jìn
的森林、层峦叠嶂的雪峰……置身其中，仿佛进

rù le yī gè rú shī rú
入了一个如诗如

huà de mèng huàn shì jiè
画的梦幻世界，

suǒ yǐ bèi rén men yù wéi
所以被人们誉为

rén jiān xiān jìng
“人间仙境”、

tóng huà shì jiè
“童话世界”。

九寨沟

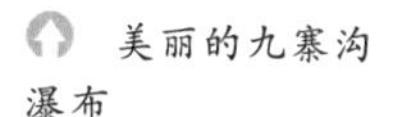

美丽的九寨沟瀑布

哪座城市被称为“日光城”？

我国西藏自治区的首府拉萨被称为“日光城”，它位于青藏高原上，年平均日照数约为3010小时，为全国省会城市之最，所以被称为“日光城”。

位于拉萨市红山上的布达拉宫

冰岛是“冰火之国”吗？

冰岛位于北大西洋中部，靠近北极圈，为欧洲第二大岛，境内1/8被冰川所覆盖，然而，其境内还分布着100多座火山，其中活火山20多座。整个国家都建立在火山岩石上，大部分土地不能开垦，是世界温泉最多的国家，所以冰岛被称为“冰火之国”。

冰岛最大的冰湖扎古萨拉冰湖

yún nán shí lín shì zěn yàng xíng chéng de

云南石林是怎样形成的？

yún nán shí lín suǒ shǔ de dì qū shì shí huī yán céng dì miàn shang
云南石林所属的地区是石灰岩层，地面上
yǒu hěn duō chuí zhí de liè féng yǔ shuǐ yán zhe liè féng wǎng xià shèn tòu shí
有很多垂直的裂缝，雨水沿着裂缝往下渗透时，
jiù huì róng shí shí huī yán shǐ liè féng xiàng dì xià shēn zhǎn dé gēng shēn zhè
就会溶蚀石灰岩，使裂缝向地下伸展得更深。这
yàng dì miàn shang biàn huì chū xiàn hěn duō tū qǐ de shí zhù dì xíng yě
样，地面上便会出现很多突起的“石柱”，地形也
biàn de qǐ fú bù píng jiàn jiàn de jiù xíng chéng le měi lì qí tè de shí zhù
变得起伏不平，渐渐地就形成了美丽奇特的石柱
yuán lín
园林。

云南石林

wǒ guó de sān dà huǒ lú shì zhǐ nǎ lǐ

我国的“三大火炉”是指哪里？

wǒ guó de sān dà huǒ lú zhǐ de shì nán jīng wǔ
我国的“三大火炉”指的是南京、武
hàn hé zhòng qìng sān gè chéng shì sān dà huǒ lú jūn wèi
汉和重庆三个城市。“三大火炉”均位
yú cháng jiāng yán àn yuè de píng jūn qì wēn zài zuǒ
于长江沿岸，7月的平均气温在33℃左
yòu zuì gāo qì wēn céng dá dào
右，最高气温曾达到44℃。

我国的“三大火炉”之一——重庆

你听过恩戈罗恩戈罗火山口吗？

nǐ tīng guò ēn gē luó ēn gē luó huǒ shān kǒu ma

ēn gē luó ēn gē luó huǒshān wèi yú fēi zhōu tǎn sāng ní yà běi bù
恩戈罗恩戈罗火山位于非洲坦桑尼亚北部

dōng fēi dà liè gǔ nèi shì yī gè sǐ huǒshānkǒu fāngyuán yī bǎi duō píng
东非大裂谷内，是一个死火山口，方圆一百多平

fāngqiān mǐ de huǒshānkǒu nèi jí zhōng le cǎoyuán sēn lín qiū líng hú
方千米的火山口内集中了草原、森林、丘陵、湖

bó zhǎo zé děng gè zhǒngshēng tài dì mào shì yě shēngdòng wù de tiāntáng
泊、沼泽等各种生态地貌，是野生动物的天堂，

yǒu fēi zhōu de yī diànyuán zhī chēng dà bù
有“非洲的伊甸园”之称。大部

fen dòng wù chángnián dìng jū zài huǒ shān
分动物长年定居在火山

kǒu nèi rú jiǎo mǎ bān mǎ shuǐ
口内，如角马、斑马、水

niú hé fēi zhōu dà língyáng hái yǒu
牛和非洲大羚羊，还有

chángjǐng lù shī zi dà xiàng
长颈鹿、狮子、大象

hé hēi xī niú
和黑犀牛。

恩戈罗恩戈罗火山口地区的野生动物

恩戈罗恩戈罗国家公园就坐落在火山口地区。是非洲最重要的野生动物保护区之一

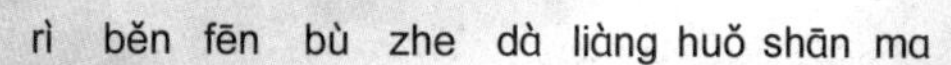

rì běn fēn bù zhe dà liàng huǒ shān ma
日本分布着大量火山吗？

tài píngyáng dì qū shì huǒshān jí zhōng de dì dài dì lǐ shangjiāng
太平洋地区是火山集中的地带，地理上将
qí chēng zhī wéi yán tài píngyánghuǒshān dì zhèn dài ér rì běn qià hǎo
其称之为“沿太平洋火山地震带”，而日本恰好
wèi yú tài píngyángbǎn kuài yǔ yà ōu dà lù
位于太平洋板块与亚欧大陆
bǎn kuài de jiāo jiè chù dì qiào shí fēn cuì
板块的交界处，地壳十分脆
ruò yīn ér jìng nèi fēn bù zhe dà liàng de huǒ
弱，因而境内分布着大量的火
shān shì shì jiè shanghuǒshānhuódòng zuì pín
山，是世界上火山活动最频
fán zuì jī liè de dì qū zhī yī
繁、最激烈的地区之一。

富士山最开始被人们称为“不死山”，因为它是一座活火山。

wèi shén me kūn míng bèi chēng wéi chūnchéng
为什么昆明被称为“春城”？

kūnmíng shì zhī suǒ yǐ bèi chēngwéi chūnchéng shì dé yì yú tā de dì lǐ wèi zhì yǔ dì
昆明市之所以被称为“春城”是得益于它的地理位置与地
xíngděng yīn sù kūnmíng dì chù yún guì gāoyuán hǎi bá gāo suǒ yǐ xià jì bǐ jiào liángkuài
形等因素。昆明地处云贵高原，海拔高，所以夏季比较凉快，
qí cì xià jì xī nán jì fēng dài lái dà liàng de shuǐ qì jīngcháng xià yǔ dà dà jiàng dī le
其次，夏季西南季风带来大量的水汽，经常下雨，大大降低了
dì miànwēn dù kūnmíng běi bù de gāoshān zǔ dǎng le nán xià de lěngkōng qì gù dōng jì yě
地面温度。昆明北部的高山阻挡了南下的冷空气，故冬季也
bìng bù hán lěng zōng hé zhè xiē yīn sù kūnmíng cái sì jì rú chūn
并不寒冷，综合这些因素，昆明才四季如春。

夏威夷群岛位于热带海洋上，终年温暖潮湿。

zhù míng de xià wēi yí qún dǎo shì huǒ shān dǎo ma
著名的夏威夷群岛是火山岛吗？

tài píngyángshang de xià wēi yí qún dǎo shì yóu huǒshānpēn fā xíngchéng de yóu xià wēi yí máo yī wǎ hú kǎo ài mò luò kǎi děng gè jiào dà dǎo yǔ hé yī bǎi duō gè xiǎo dǎo zǔ chéng xià wēi yí dǎoshang de mào nà luó yà huǒshānměi gé ruò gān nián pēn fā yī cì chì liè de róng yáncóng shān xì zhōnghuǎnhuǎn liú chū chéngwéi xià wēi yí de yī dà qí guān xià wēi yí qún dǎo shì lǚ yóuguānguāng de hǎo dì fang zhè lǐ de rè dài hǎi bīn hé huǒshān qí guān xī yǐn zhe shì jiè gè dì de yóu kè

太平洋上的夏威夷群岛是由火山喷发形成的，由夏威夷、毛伊、瓦胡、考爱、莫洛凯等8个较大岛屿和一百多个小岛组成。夏威夷岛上的冒纳罗亚火山每隔若干年喷发一次，炽烈的熔岩从山隙中缓缓流出，成为夏威夷的一大奇观。夏威夷群岛是旅游观光的好地方，这里的热带海滨和火山奇观吸引着世界各地的游客。

冒纳罗亚火山是夏威夷群岛上最著名的火山

著名的维苏威火山位于哪个国家？
zhù míng de wéi sū wēi huǒ shān wèi yú nǎ ge guó jiā

wéi sū wēi huǒshān shì shì jiè zhùmíng de huǒshān zhī yī tā wèi yú yì dà lì nà bù lè sī wān zhī bīn huǒshānyuán lái shì hǎi wānzhōng yī gè xiǎo dǎo hòu jīng yī xì liè huǒshānbào fā duī jī de pēn chū wù jiāng qí yǔ lù dì liánchéng le yī tǐ

维苏威火山是世界著名的火山之一，它位于意大利那不勒斯湾之滨。火山原来是海湾中一个小岛，后经一系列火山爆发堆积的喷出物将其与陆地连成了一体。

意大利那不勒斯湾

你知道海洋活火山怀特岛吗？
nǐ zhī dào hǎi yáng huó huǒ shān huái tè dǎo ma

huái tè dǎo shì xīn xī lán wéi yī de hǎi yánghuó huǒshān suī rán huǒ shānkǒu dī yú hǎi píngmiàn què yīn sì zhōugāosǒng de yán bì xíngchéng le tiān rán píngzhàng zào jiù chū le dú yī wú èr de shuǐpíngxiàn xià huó huǒ shān huái tè dǎo yóu sān zuò huǒshānzhuī zǔ chéng xíngzhuàngxiàng mǎ tí shì xīn xī lán zuì huó yuè de huǒshān

怀特岛是新西兰唯一的海洋活火山，虽然火山口低于海平面，却因四周高耸的岩壁形成了天然屏障，造就出了独一无二的水平线下活火山。怀特岛由三座火山锥组成，形状像马蹄，是新西兰最活跃的火山。

海洋中的活火山怀特岛是科学家和火山研究者的圣地。

挪威的极昼

为什么北极夏天的太阳总不落山？

wèi shén me běi jí xià tiān de tài yáng zǒng bù luò shān

因为北半球夏季到来时，太阳直射点向北回归线移动，昼长夜短，纬度越高，白昼越长，在北极圈内，太阳则终日不落，24小时都是白天，这叫做“极昼”或“白夜”。这时候在南极圈内，则终日不见太阳，叫做“极夜”。

火焰山上真有熊熊燃烧的火焰吗？

huǒ yàn shān shàng zhēn yǒu xióng xióng rán shāo de huǒ yàn ma

火焰山位于吐鲁番盆地的北边，山上寸草不生，沙岩裸露，在夏日烈焰的照耀下，赤褐的沙岩闪闪发光，炽热的气流滚滚上升，云烟缭绕，如烈火般腾腾燃烧，因而得名，其实并没有熊熊燃烧的火焰。每当冬天时，就感受不到它的热力了。

wèi shén me huì chǎnshēng jí guāng
为什么会产生极光？

dì qiú běnshēn shì yī gè dà cí chǎng tā de liǎng gè cí jí zài dì qiú de nán běi jí fù jìn dāng tè bié qiáng dà de tài yángfēng dài zhe diàn zǐ liú chōngxiàng dì qiú cí chǎng shí jiù huì zài dì qiú de gāokōngtóng dà qì zhōng de qì tǐ fēn zǐ xiāng yù cóng ér jī fā chū jí guāng yóu yú dài diàndiàn zǐ liú tóng dà qì céngzhōng bù tóng fēn zǐ de zuòyòng rú yǎng dàn yà nǎi děng jiù huì chéngxiàn chū bù tóng de yán sè suǒ yǐ jiù chū xiàn le xuàn lì duō cǎi de jí guāng yǒu de jí guānggāngchū xiàn jiù xiāo shī le yǒu de què huì gāoxuán zài kōngzhōng jǐ gè xiǎo shí bù sàn

地球本身是一个大磁场，它的两个磁极在地球的南北极附近。当特别强大的太阳风带着电子流冲向地球磁场时，就会在地球的高空同大气中的气体分子相遇，从而激发出极光。由于带电电子流同大气层中不同分子的作用，如氧、氮、氩、氖等，就会呈现出不同的颜色，所以就出现了绚丽多彩的极光。有的极光刚出现就消失了，有的却会高悬在空中几个小时不散。

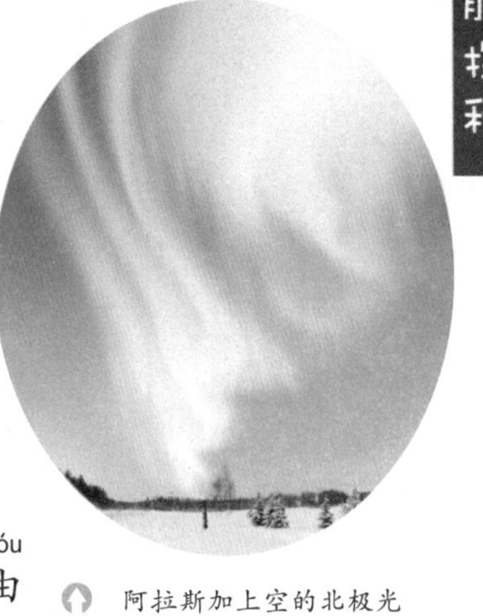

阿拉斯加上空的北极光

绚丽迷人的极光是大自然最美丽的馈赠。

资源利用 »»

人类常常亲切地称地球为母亲，因为它用自己丰富的资源和能源养育着地球上的生命，如今的我们才能看到一个生机勃勃的世界。为什么风能可以发电？火山也能造福人类吗？什么是地热资源？地层里为什么会有天然气？……

wèi shén me fēng néng yě kě yǐ fā diàn
为什么风能也可以发电？

fēngnéng shì dì qiú biǎomiàn dà liàngkōng qì liú dòngsuǒchǎnshēng de dòng
风能是地球表面大量空气流动所产生的动
néng fēngnéng fā diàn de yuán lǐ shì rú guǒfēngchuīdòng fā diàn jī shang
能。风能发电的原理是，如果风吹动发电机上
de fēng yè xuánzhuǎn fēng yè jiù huì dài dòng fā diàn jī chǎnshēngdiànnéng
的风叶旋转，风叶就会带动发电机产生电能。
fēngnéng jì shì kě zài shēng zī yuán yòu bù huì wū rǎn huánjìng yīn cǐ
风能既是可再生资源，又不会污染环境，因此，
xiàn zài shì jiè gè guó dōu zài dà lì fā zhǎnfēngnéng fā diàn
现在世界各国都在大力发展风能发电。

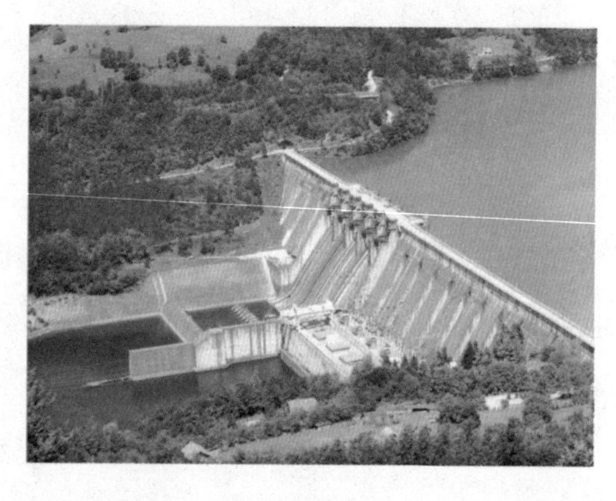

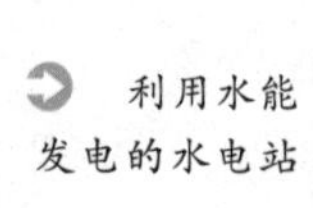
利用水能发电的水电站

wèi shén me shuǐ yě kě yǐ fā diàn
为什么水也可以发电？

shuǐ lì fā diànshǒuxiān shì jiàn yī zuò dà de shuǐ kù jiāngshuǐ cún chǔ
水力发电首先是建一座大的水库将水存储
qǐ lái rán hòu zài xià bù ān zhuāngshuǐ lún jī dānggāo chù liú xià lái de
起来，然后在下部安装水轮机，当高处流下来的
shuǐchōng jī zài shuǐ lún jī shang shí shuǐ liú biàn huì tuī dòngshuǐ lún jī zhuàn
水冲击在水轮机上时，水流便会推动水轮机转
dòng rú guǒ bǎ fā diàn jī lián zài shuǐ lún jī shang shuǐ lún jī jiù huì dài
动。如果把发电机连在水轮机上，水轮机就会带
dòng fā diàn jī zhuàndòng diàn liú jiù chǎnshēng le
动发电机转动，电流就产生了。

hǎi làng yě kě yǐ yòng lái fā diàn ma
海浪也可以用来发电吗？

hǎi làng de bō dòngchōng jī huì yǐn qǐ
海浪的波动冲击会引起
qiáng liè de qì liú chǎnshēng yī dìng de
强烈的气流，产生一定的
dòngnéng hé shì néng yòng tè shū de
动能和势能，用特殊的
zhuāng zhì bǎ zhè xiē qì liú chǎnshēng de néng
装置把这些气流产生的能
liàngshōu jí qǐ lái zài jīng guò chù lǐ biàn kě
量收集起来，再经过处理，便可
yǐ zhuǎnbiànchéng duì rén lèi yǒuyòng de diànnéng dàn shì yóu yú hǎi làng
以转变成对人类有用的电能。但是，由于海浪
shí fēn bù wěndìng suǒ yǐ hǎi làng fā diànshòudào le xiàn zhì
十分不稳定，所以海浪发电受到了限制。

海浪

huǒ shān néng zào fú rén lèi ma
火山能造福人类吗？

suī rán huǒshānpēn fā huì gěi rén lèi dài lái zāi nán dàn shì yě huì gěi rén lèi dài lái fēng
虽然火山喷发会给人类带来灾难，但是也会给人类带来丰
fù de huǒshān zī yuán bāo kuò féi wò de tǔ rǎng jù dà de rè néng gè zhǒngkuàng shí yǐ jí
富的火山资源，包括肥沃的土壤、巨大的热能，各种矿石以及
měi lì de fēng jǐngděng
美丽的风景等。

火山

什么是地热资源？

当地面的雨水渗入地下或地下水流经地球内部时就会被热岩加热成热水或者蒸汽，并透过厚厚的地层向外释放，这种“大地热流”产生的能量，被称为地热能。当人们把地热能开发出来加以利用时，就成了地热资源。

地热喷泉

什么是矿藏？矿物是怎样形成的？

矿藏是埋藏于地下各种矿物的总称。矿物是由地质作用形成的天然单质或化合物。矿物是在一定的物理化学条件下形成的，当外界条件发生变化后，原来的矿物可变化形成一种新矿物。

矿物

什么是金属矿物？

金属矿物是指能够提炼出一定量金属的岩石。在自然界中，只有金和铜是独立存在的，它们不与其他的元素结合。除此之外，大多数的金属都是从矿石中提炼出来的。

含有铁的金属矿物

钻石为什么如此昂贵？

钻石之所以昂贵，除了其本身具有的魅力品质外，还与钻石矿床的探寻艰难、耗资巨大，开采规模浩大、难度极高、加工程序复杂、工时量大等有重要的关系。此外，钻石自古以来一直被人类视为权力、威严、地位和富贵的象征，具有潜在的、巨大的文化价值。

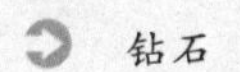

钻石

为什么会形成铁矿？

地球上所有含铁的岩石被风化分解后，里面的铁就会被氧化。氧化铁随着水的流动，逐渐沉淀堆积在水下，成为铁比较集中的矿层。铁矿层形成后，再经过多次反复变化，便会沉积成铁矿。

沉积铁矿

铁矿石

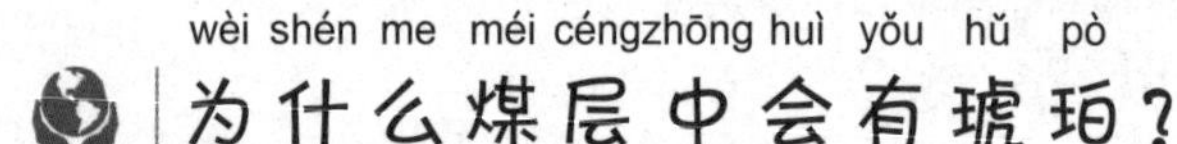

为什么煤层中会有琥珀？

在古生代时，茂盛的森林中有众多的昆虫。大风吹断树枝以后，树枝折断处便会流下一滴滴树脂。如果滴下的树脂正巧粘住了一只小虫，继续滴下的树脂就会将小虫牢牢地裹在里面。地壳下沉时，树脂便会随着林木一同被掩埋在地下。随着时间的流逝，林木变为煤，而滴下的树脂却变成了透明的矿物，小虫也被静静地包在它们中间，这便是我们所见到的琥珀。

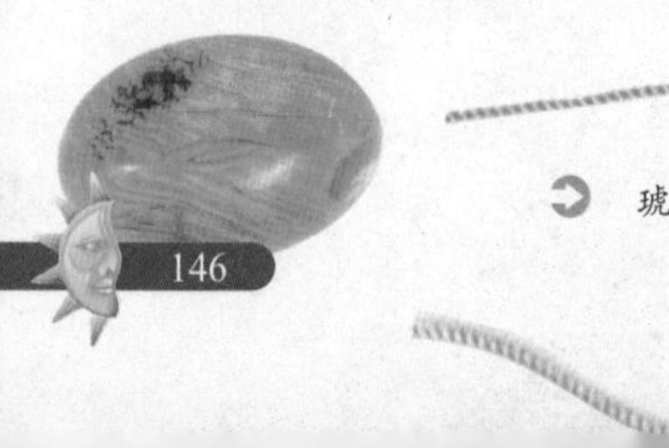

琥珀

智利是“铜矿之国”吗？

南美洲的智利被人们誉为“铜矿之国”，因为智利拥有异常丰富的铜矿资源，多年来一直是世界第一大铜出口国。在智利首都圣地亚哥，各种名人的铜像有数百个，用铜铸就的雕塑品随处可见。

圣地亚哥主要的街道奥希金斯大街上，每隔不远就有一座喷泉和造型生动的纪念铜像。

为什么海滨会形成砂矿？

沿海地带岩石中的矿物，由于不断地发生风化，一些矿物颗粒经过雨水、河流的冲刷，被搬运到了海滨。矿物颗粒进入海洋后，在波浪、海流等海洋动力的作用下，进一步被淘筛和分选，比重相近的矿物便聚积在一起，形成砂矿。海平面下降时，海滨砂矿就会露出海面。

保护环境>>>

虽然地球内部蕴藏着丰富的资源，但是并不是所有的资源都是取之不尽，用之不竭的。人类活动的加剧，对地球环境产生了重要的影响。大气为什么会被污染？什么是温室效应？放射性污染来自什么地方？……

人类会对气候产生影响吗？

人类活动能引起局地小气候的改变。如随着工业的发展，大气中的二氧化碳的含量不断增加使大气的平均温度升高。大气中烟尘、微粒的增加又提供了丰富的凝结核，增多了降水的机会。还有大量的废油排入海洋，减弱了海洋对气候的调节作用，使海面上出现类似于沙漠的气候等。

工业的发展是导致空气污染的主要原因之一。

你知道什么是气候异常吗？

气候异常是指不经常出现的，如奇冷、奇热、严重干旱、特大暴雨、严重冰雹、特强台风等。它对人类的活动和农业生产有严重的影响。

冰雹会使农作物遭受严重损害，给农民带来巨大的损失。

zěn me jiān cè qì xiàng zāi hài

怎么监测气象灾害？

gǔ rén kàn tiān shí bié tiān qì ér xiàn zài wǒ men yǐ jīng yǒu le kě yǐ zài tài kōng zhōng guān cè tiān qì de yǎn jing zhè jiù shì qì xiàng wèi xīng kē xué jiā tōng guò qì xiàng wèi xīng huò qǔ de gè zhǒng yún céng dì biǎo hé hǎi yáng biǎo miàn de tú piàn jiù kě yǐ yù zhī tiān qì de biàn huà qū shì jiān cè qì xiàng zāi hài

古人看天识别天气，而现在我们已经有了可以在太空中观测天气的眼睛。这就是气象卫星。科学家通过气象卫星获取的各种云层、地表和海洋表面的图片，就可以预知天气的变化趋势，监测气象灾害。

卫星

wèi xīng yún tú yǒu shén me zuò yòng

卫星云图有什么作用？

wèi xīng yún tú yóu qì xiàng wèi xīng zì shàng ér xià guān cè dào de dì qiú shang de yún céng fù gài hé dì biǎo miàn tè zhēng de tú xiàng lì yòng wèi xīng yún tú kě yǐ shí bié bù tóng de tiān qì xì tǒng què dìng tiān qì de fā zhǎn qū shì wèi tiān qì fēn xī hé tiān qì yù bào tí gōng yī jù yóu qí duì yú qì xiàng zhàn xī shǎo de guǎng kuò yáng miàn gāo yuán huāng mò dì qū lái shuō wèi xīng yún tú shì hěn zhēn guì de tàn cè zī liào

卫星云图由气象卫星自上而下观测到的地球上的云层覆盖和地表面特征的图像。利用卫星云图可以识别不同的天气系统，确定天气的发展趋势，为天气分析和天气预报提供依据。尤其对于气象站稀少的广阔洋面、高原、荒漠地区来说，卫星云图是很珍贵的探测资料。

气象台站

wèi shén me yào zài nán jí jiàn lì qì xiàngzhàn
为什么要在南极建立气象站？

zhè shì yīn wèi nán jí shì gè lěngyuán tā zhí jiē yǐngxiǎngzhequán qiú
这是因为南极是个冷源，它直接影响着全球
de dà qì huán liú hé tiān qì qì hòu de biànhuà jiàn lì nán jí qì xiàng
的大气环流和天气、气候的变化。建立南极气象
zhàn mù de zài yú qǔ dé guān cè
站，目的在于取得观测
zī liào wèi yù bào tiān qì
资料，为预报天气
tí gōngyǒu yì de xìn
提供有益的信
xī yě wèi qí tā
息，也为其他
fāng miàn de yán jiū tí
方面的研究提
gōngzhòngyào de yī jù
供重要的依据。

位于南极的气象站

dà qì wèi shén me huì bèi wū rǎn
大气为什么会被污染？

dà qì wū rǎn zhǔ yào shì yóu rén lèi de huódòngsuǒ zàochéng gōng
大气污染主要是由人类的活动所造成。工
yè shēngchǎn shì dà qì wū rǎn de zhǔ yào lái yuán xǔ duō yānchén yǒu dú
业生产是大气污染的主要来源，许多烟尘，有毒
qì tǐ děngdōu bèi pái rù le dà qì zhōng rén lèi shēnghuózhōngsuǒ shǐyòng
气体等都被排入了大气中。人类生活中所使用
lú zào hé cǎi nuǎnguō lú dōu xū yào hàoyòng dà liàng de méi tàn zhèwǎngwǎng
炉灶和采暖锅炉都需要耗用大量的煤炭，这往往
shǐ shòu wū rǎn dì qū yān wù mí màn hái yǒu jìn nián lái jiāo tōng yùn shū
使受污染地区烟雾弥漫。还有近年来，交通运输
yè de fā zhǎn qì chē huǒ chē lún chuán fēi jī děngjiāo tōnggōng jù pái
业的发展，汽车、火车、轮船、飞机等交通工具排
chū de fèi qì zēngduō zhè dōuzēng jiā le dà qì de wū rǎnchéng dù
出的废气增多，这都增加了大气的污染程度。

酸雨使植物大量枯死。

 大气污染会造成哪些危害？

首先，大气污染会对人体的健康造成伤害。其次，大气污染影响生物的正常发育，降低生物对病虫害的抗御能力，甚至使生物中毒以至死亡。再次，大气污染物对仪器、设备和建筑物等，都有腐蚀作用。如金属建筑物出现的锈斑、古代文物的严重风化等。还有，大气污染对全球大气环境产生影响，如臭氧层破坏、酸雨腐蚀、全球气候变暖等。

受到酸雨侵蚀的乐山大佛。

wèi shén me shì qū de wēn dù bǐ jiāo qū gāo
为什么市区的温度比郊区高？

yóu yú chéng shì rén kǒu jí zhōng gōng yè fā dá jiāo tōng yōng sè
由于城市人口集中，工业发达，交通拥塞，
dà qì wū rǎn yán zhòng qiě chéng shì zhōng de jiàn zhù dà duō wéi shí tóu hé
大气污染严重，且城市中的建筑大多为石头和
hùn níng tǔ jiàn chéng róng yì xī shōu rè liàng jiā shàng jiàn zhù wù běn shēn duì
混凝土建成，容易吸收热量，加上建筑物本身对
fēng de zǔ dǎng huò jiǎn ruò zuò yòng suǒ yǐ chéng shì nián píng jūn qì wēn bǐ jiāo
风的阻挡或减弱作用，所以城市年平均气温比郊
qū gāo zhè jiù shì rén men cháng shuō de chéng shì rè dǎo xiào yīng
区高，这就是人们常说的城市“热岛效应”。

汽车排放的废气，是大气污染，温度升高的重要原因之一。

shén me shì wēn shì xiào yīng
什么是温室效应？

dà qì zhōng bù duàn zēng jiā de èr yǎng huà tàn jiù xiàng yī céng hòu hòu
大气中不断增加的二氧化碳就像一层厚厚
de bō li shǐ yáng guāng kě yǐ zhào shè jìn lái rè liàng què bù néng gòu sàn
的玻璃，使阳光可以照射进来，热量却不能够散
fā chū qù dì qiú yīn cǐ biàn chéng le yī gè dà nuǎn fáng zhè zhǒng xiàn
发出去，地球因此变成了一个大暖房，这种现
xiàng jiù shì wēn shì xiào yīng
象就是“温室效应”。

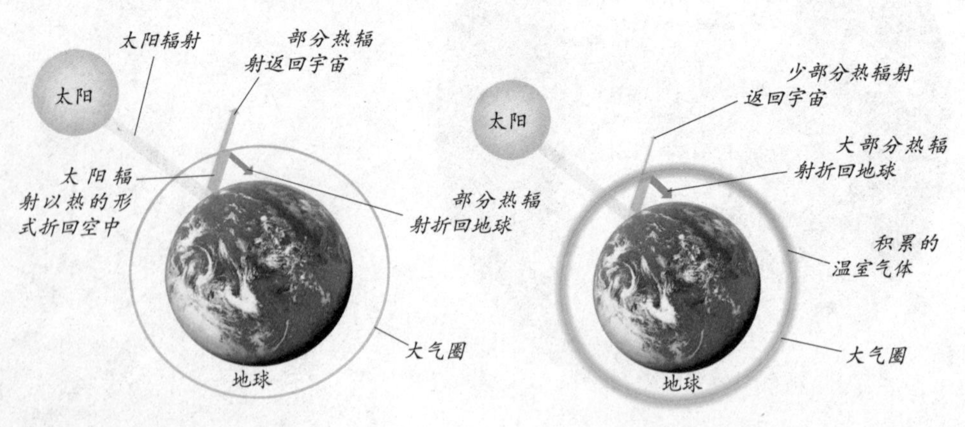

自然的温室效应　　不平衡的温室效应

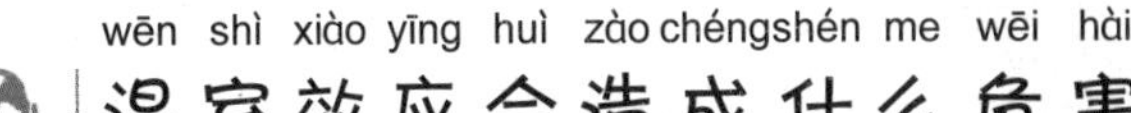

温室效应会造成什么危害？

温室效应会使地表气温升高，全球变暖，从而导致某些地区雨量增加，某些地区出现干旱，飓风力量增强，出现频率提高。气温升高还将加速两极地区冰川融化，海平面升高，许多沿海城市、岛屿或低洼地区将面临海水上涨，甚至被海水吞没的威胁。

全球变暖导致冰川融化

放射性污染来自什么地方？

随着我们生活环境中的射线强度增强，危机到了生物的生存，就产生了放射性污染。这些造成污染的辐射分为自然辐射和人为辐射两种。自然辐射来自于土壤、岩石、水和大气等。人为辐射来自于放射性元素在工农业生产、医疗事业、核武器试验等的应用和彩色电视机、电脑等方面。

汽车尾气

wèi shén me qì chē fèi qì bèi chēng wéi xiàn dài chéng shì de wēn yì
为什么汽车废气被称为现代城市的瘟疫？

qì chē pái fàng de fèi qì zhōng hán yǒu dà liàng de wū rǎn wù shì dà qì wū rǎn de zhǔ
汽车排放的废气中含有大量的污染物，是大气污染的主
yào lái yuán fèi qì zhōng shì yī yǎng huà tàn cǐ wài hái yǒu dàn yǎng huà wù liú yǎng
要来源。废气中70%是一氧化碳。此外，还有氮氧化物、硫氧
huà wù qiān děng duō zhǒng wēi xié rén lèi jiàn kāng de wù zhì
化物、铅等多种威胁人类健康的物质。

wèi shén me zào shēng yě shì wū rǎn
为什么噪声也是污染？

jiāo tōng yùn shū gōng yè shēng chǎn jiàn zhù shī gōng hé rén men de shè
交通运输、工业生产、建筑施工和人们的社
huì shēng huó dōu huì chǎn shēng zào shēng yī dìng chéng dù de zào shēng kě yǐ
会生活都会产生噪声。一定程度的噪声可以
shǐ zhí wù kū wěi shǐ dòng wù hěn kuài sǐ wáng zào shēng huì yǐng xiǎng rén
使植物枯萎，使动物很快死亡。噪声会影响人
de tīng lì xué xí gōng zuò hé shuì mián zài qiáng zào shēng de huán jìng xià
的听力、学习、工作和睡眠。在强噪声的环境下，
rén men huì chū xiàn tóu tòng ěr míng duō mèng shī mián děng zhèng zhuàng zào
人们会出现头痛、耳鸣、多梦、失眠等症状。噪
shēng hái huì yǐng xiǎng ér tóng de zhì lì fā yù
声还会影响儿童的智力发育。

长时间遭受过强噪声的刺激，就会造成人的听力下降。

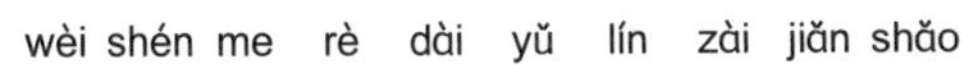
wèi shén me rè dài yǔ lín zài jiǎn shǎo

为什么热带雨林在减少？

rè dài yǔ lín jiǎn shǎo de zhǔ yào yuán yīn shì rén lèi shāo huāng gēng zuò guò dù cǎi fá guò dù fàng mù yǐ jí sēn lín huǒ zāi děng qí zhōng shāo huāng gēng zuò shì shǒu yào yuán yīn zhàn zhěng gè rè dài sēn lín jiǎn shǎo miàn jī de

热带雨林减少的主要原因是人类烧荒耕作、过度采伐、过度放牧以及森林火灾等，其中烧荒耕作是首要原因，占整个热带森林减少面积的45%。

人们对树木的乱砍滥伐极大地破坏了地球的环境。

zhí wù néng jiǎn cè huán jìng wū rǎn ma

植物能检测环境污染吗？

shù mù kě yǐ xī shōu dà qì zhōng de yǒu hài qì tǐ yǒu xiē zhí wù kě yǐ dāng zuò dà qì wū rǎn de bào jǐng qì zhí wù bù dàn hé rén yī yàng dōu xū yào hū xī ér qiě duì kōng qì zhōng de yǒu hài qì tǐ de fǎn yìng bǐ rén hé dòng wù mǐn gǎn dé duō tā men zhǐ yào shāo wēi shòu dào wū rǎn wù qīn hài jiù néng zài yè zi huò zhě huā shang biǎo xiàn chū bìng tài lì rú zhǐ yào kōng qì zhōng shāo wēi yǒu yī diǎn èr yǎng huà liú tái xiǎn hé dì yī jiù huì gān kū

树木可以吸收大气中的有害气体。有些植物可以当做大气污染的报警器。植物不但和人一样都需要呼吸，而且对空气中的有害气体的反应比人和动物敏感得多。它们只要稍微受到污染物侵害，就能在叶子或者花上表现出病态。例如，只要空气中稍微有一点二氧化硫，苔藓和地衣就会干枯。

地衣

为什么森林能防止水土流失？

树木参差的树冠和枝叶能拦截阻滞雨水、缓减阵雨的强度，而且森林中发达的树木根系，能牢牢抓住土壤，有固土的作用，阻止土壤被洪水冲走。所以说，森林可以有效地防止水土流失，以涵养水源。

过度砍伐会造成严重的水土流失。

树木发达的根系

为什么不能乱扔和焚烧废旧干电池？

废电池对环境的危害非常大。废电池的其主要成分为锰、汞、锌、铬等重金属，它无论在大气中还是深埋在地下，其重金属成分都会随渗液溢出，造成地下水和土壤的污染，日积月累，会严重危害人类健康。焚烧废旧电池时，电池在高温下会腐蚀设备，某些重金属在焚烧炉中挥发，会造成大气污染。

lā jī néng biàn fèi wéi bǎo ma

垃圾能变废为宝吗？

yǒu xiē lā jī jīng guò huí shōu zài jiā gōng hòu néng gòu bèi rén men lì
有些垃圾经过回收再加工后能够被人们利
yòng rú lǚ tiě děng jīn shǔ kě yǐ bèi róng huà hòu zài lì yòng bō li
用。如铝、铁等金属可以被熔化后再利用。玻璃
suì piàn néng bèi duō cì róng huà bìng zhì chéng xīn de bō lí zhì pǐn bèi yòng
碎片能被多次熔化并制成新的玻璃制品。被用
guò de zhǐ rú jiù bào zhǐ gǎo zhǐ děng
过的纸，如旧报纸、稿纸等
dōu kě yǐ huí shōu zhì chéng zhǐ jiāng zài
都可以回收制成纸浆，再
zhì chéng zhǐ hái yǒu rì cháng shēng huó
制成纸。还有日常生活
zhōng de xǔ duō sù liào zhì pǐn dōu kě yǐ
中的许多塑料制品都可以
huí shōu zài lì yòng
回收再利用。

废旧报纸、喝过的饮料瓶等都是可回收的垃圾。

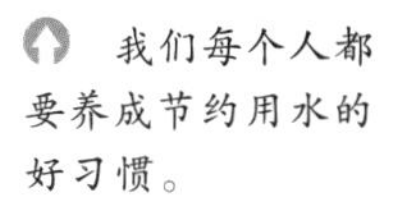

我们每个人都要养成节约用水的好习惯。

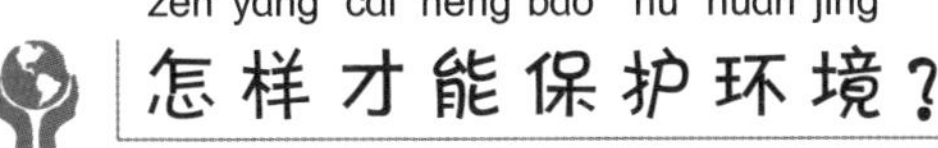

zěn yàng cái néng bǎo hù huán jìng

怎样才能保护环境？

wǒ men bì xū shù lì hé jiā qiáng bǎo hù huán jìng de yì shí shí shí
我们必须树立和加强保护环境的意识，时时
kè kè zhù yì jié yuē néng yuán zī yuán jiǎn shǎo wū rǎn cóng shēn biān de
刻刻注意节约能源、资源，减少污染，从身边的
xiǎo shì zuò qǐ rú jié yuē yòng shuǐ fèi wù zài lì yòng zhí shù zào lín
小事做起，如节约用水、废物再利用、植树造林
děng wèi bǎo hù dì qiú huán jìng gòng xiàn chū zì jǐ de yī fèn lì liàng
等，为保护地球环境贡献出自己的一份力量。

图书在版编目（CIP）数据

地球之谜/青少科普编委会编著. 一长春：吉林科学技术出版社，2012.12（2019.1重印）
（十万个未解之谜系列）
ISBN 978-7-5384-6368-2

Ⅰ.①地… Ⅱ.①青… Ⅲ.①地球－青年读物②地球－少年读物 Ⅳ.①P183-49

中国版本图书馆CIP数据核字（2012）第275140号

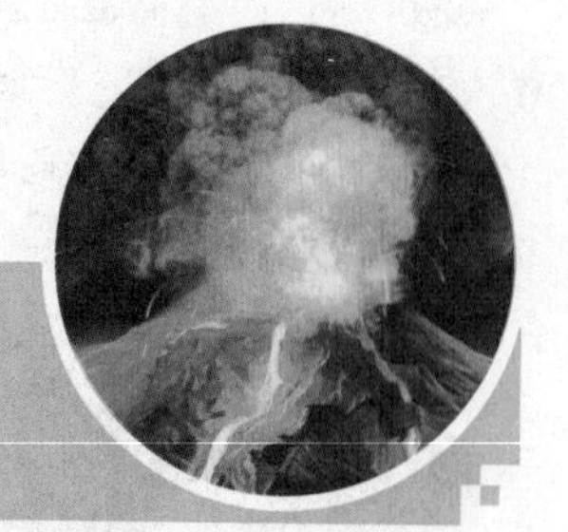

十万个未解之谜系列

地球之谜

编　　著　青少科普编委会
编　　委　侣小玲　金卫艳　刘　珺　赵　欣　李　婷　王　静　李智勤
　　　　　赵小玲　李亚兵　刘　彤　靖凤彩　袁晓梅　宋媛媛　焦转丽
出 版 人　李　梁
选题策划　赵　鹏
责任编辑　万田继
封面设计　长春茗尊平面设计有限公司
制　　版　张天力
开　　本　710×1000　1/16
字　　数　150千字
印　　张　10
版　　次　2013年5月第1版
印　　次　2019年1月第7次印刷

出　　版　吉林出版集团
　　　　　吉林科学技术出版社
发　　行　吉林科学技术出版社
地　　址　长春市人民大街4646号
邮　　编　130021
发行部电话/传真　0431-85635177　85651759　85651628
　　　　　　　　　85677817　85600611　85670016
储运部电话　0431-84612872
编辑部电话　0431-85630195
网　　址　http://www.jlstp.com
印　　刷　北京一鑫印务有限责任公司

书　　号　ISBN 978-7-5384-6368-2
定　　价　29.80元
如有印装质量问题　可寄出版社调换